2022

全国监理工程师（水利工程）学习丛书

水土保持监理实务

中国水利工程协会　组织编写

·北京·

内 容 提 要

本书共分六章，主要介绍了水土保持技术知识、相关法规及技术标准，水土保持监理工作的基本规定，水土保持监理方法、程序和制度及监理工作实施的程序，水土保持工程质量评定与验收要求，水土保持监理工作实施的典型案例。书后附有相关法规和资料。

本书既可作为建设监理人员和其他有关部门技术人员培训的教材，也可以作为大专院校相关专业师生的参考用书。

图书在版编目（CIP）数据

水土保持监理实务 / 中国水利工程协会组织编写. -- 北京：中国水利水电出版社，2023.2
（全国监理工程师（水利工程）学习丛书）
ISBN 978-7-5226-1290-4

Ⅰ. ①水… Ⅱ. ①中… Ⅲ. ①水土保持－监理工作－资格考试－自学参考资料 Ⅳ. ①S157

中国国家版本馆CIP数据核字(2023)第022515号

书　　名	全国监理工程师（水利工程）学习丛书 **水土保持监理实务** SHUITU BAOCHI JIANLI SHIWU
作　　者	中国水利工程协会　组织编写
出版发行	中国水利水电出版社 （北京市海淀区玉渊潭南路1号D座　100038） 网址：www.waterpub.com.cn E-mail：sales@mwr.gov.cn 电话：(010) 68545888（营销中心）
经　　售	北京科水图书销售有限公司 电话：(010) 68545874、63202643 全国各地新华书店和相关出版物销售网点
排　　版	中国水利水电出版社微机排版中心
印　　刷	天津嘉恒印务有限公司
规　　格	184mm×260mm　16开本　10.75印张　255千字
版　　次	2023年2月第1版　2023年2月第1次印刷
定　　价	**42.00**元

水土保持监理实务（第二版）

编 审 委 员 会

序

（第二版）

当前，在以水利高质量发展为主题的新阶段，无论是完善流域防洪减灾工程体系，实施国家水网重大工程，还是复苏河湖生态环境，推进智慧水利建设，工程建设都是目标落地的重要支撑。水利工程建设监理行业需要积极适应新阶段的要求，提供高质量的监理服务。

全国监理工程师考试是监理工程师上岗执业的入口，而监理工程师学习丛书是系统掌握监理工作需要的法律法规、技术标准和专业知识的基础资料，其重要性不言而喻。中国水利工程协会作为水利工程行业自律组织，始终把水利工程监理行业自律管理、编撰专业书籍作为重要业务工作。自2007年编写出版“水利工程建设监理培训教材”第一版以来，已陆续修订了三次。近两年来，水利工程建设领域的一些规章、规范性文件和技术标准陆续出台或修订，因此，适时进行教材修订十分必要。

本版学习丛书主要是在第三版水利工程建设监理培训教材的基础上编写而成的，不再单列《建设工程监理法规汇编》和《建设合同管理（水利工程）》，前者相关内容主要融入《建设工程监理概论（水利工程）》分册中，后者相关内容分别融入《建设工程质量控制（水利工程）》《建设工程进度控制（水利工程）》《建设工程投资控制（水利工程）》3本分册中，并增加《水利工程建设安全生产管理》《水土保持监理实务》《水利工程建设环境保护监理实务》《水利工程金属结构及机电设备制造与安装监理实务》。调整后，本版丛书总共9分册，包括：《建设工程监理概论（水利工程）》《建设工程质量控制（水利工程）》《建设工程进度控制（水利工程）》《建设工程投资控制（水利工程）》《建设工程监理案例分析（水利工程）》《水利工程建设安全生产管理》《水土保持监理实务》《水利工程建设环境保护监理实务》《水利工程金属结构及机电设备制造与安装监理实务》。

希望本版学习丛书能更好地服务于全国监理工程师（水利工程）学习、培训、职业资格考试备考，便于从业人员系统、全面和准确掌握监理业务知识，提升解决实际问题的能力。

中国水利工程协会

2022年12月10日

前　言

（第二版）

2010年7月，水利部原建设与管理司和中国水利工程协会编著了《水土保持工程监理工程师必读》一书，对我国的水土保持监理工作起到了很好的指导作用。随着水土保持生态文明建设和行政许可制度的改革，相应法规制度有了较大变化，水土保持方面的技术标准也日趋完善。2022年5月19日，《水利部关于印发〈注册监理工程师（水利工程）管理办法〉的通知》（水建设〔2022〕214号）进一步明确了水土保持专业监理人员的注册和执业要求。为适应新形势下的水土保持工作，进一步加强和规范水土保持工程建设监理业务，现有的水土保持工程监理工程师培训教材急需修编，以便更好地适用于实际工作。

本书是在《水土保持工程监理工程师必读》的基础上修编而成的，是全国监理工程师（水利工程）学习丛书的组成分册。本次编写主要依据现行法律、法规、部门规章和行政规范性文件，更新了法律法规依据，优化了水土保持工程建设监理业务工作内容，补充了水土保持相关技术知识内容。全书共六章，主要介绍了水土保持技术知识、相关法规及技术标准，水土保持监理工作的基本规定，水土保持监理方法、程序和制度及监理工作实施的程序，水土保持工程质量评定与验收要求等内容。编写中注重知识的合法性、完整性和实践性，既介绍知识的历史演进，又拓展知识的广度，有一定的前瞻性。

本书由四川省水利科学研究院冯飒和四川省水土保持生态环境监测总站廖睿智主编、统稿；第一章由四川省都江堰水利发展中心陈曜和四川省水土保持生态环境监测总站廖睿智、林颖编写；第二章由四川省水资源调度管理中心李晓鹏和中国水利水电科学研究院余琅编写；第三章、第四章由四川省水利科学研究院冯飒、余斌、杨蘅和四川新永一集团有限公司杨永良编写；第五章由四川省水利科学研究院冯飒、王锐天编写，第六章由四川省水利科学研究院冯飒、杨蘅编写。全书由北京林业大学王冬梅主审。

教材的编写得到了各方的大力支持，编写过程中采纳了四川省水土保持生态环境监测总站和各专家的大量建议，引用了参考文献中的有关内容，在此谨向有关领导、专家和文献作者一并致以衷心的感谢。由于编者水平有限，书中难免有不妥之处，恳请广大读者批评指正。

编　者

2023 年 2 月 2 日

前　言

（第一版）

为了适应水土保持工程建设监理发展的需要，进一步提高水土保持工程监理工程师的知识和业务水平，加强水土保持工程监理队伍的素质教育，现行水利工程建设监理规章规定了水土保持工程建设监理工程师继续教育制度。

为了满足水土保持工程建设监理工程师继续教育培训工作的要求，遵循国家和水利部颁发的有关水土保持工程建设的法律、法规和规章，水利部建设与管理司、中国水利工程协会组织编写了本教材。本教材在内容上结合了当前水土保持工程建设监理工程师的知识需求和继续教育培训的特点。

首先，水土保持工程建设监理业务的开展，必须严格遵守有关法律法规的规定。近年来，我国工程建设领域在建设管理、建设监理、招标投标、合同管理以及质量管理、安全生产管理和环境保护等方面的法律法规建设力度很大，新颁布的法律法规很多，是水土保持工程建设监理工程师开展监理工作的重要依据。

其次，为了规范水土保持工程建设管理和建设监理业务，提高建设管理水平，近年来，水利部组织编写并颁发了一系列规范、规程、标准和示范文本，是水土保持工程监理工程师必须熟悉和掌握的重要内容。

再者，随着我国建设监理制的全面普及和深入发展，水土保持工程建设监理工程师的业务水平需要不断提高，进一步拓宽建设监理服务范围，既要作好水土保持工程质量控制、工期控制、资金控制及合同管理外，还要依据法律法规规定作好安全生产管理以及环境保护工作。

最后，依据水土保持工程质量评定规程和验收规范，明确水土保持工程监理工程师在质量评定与工程验收中的地位和作用。

本书编写中参考和直接引用了参考文献中的某些内容，在此谨向这些文献的作者致以衷心的感谢。

由于编者水平有限，书中难免有不妥之处，恳请读者批评指正。

编　者

2010 年 5 月

目　录

第一章　概　　述

第一节　水土保持基本知识

水土保持是指对自然因素和人为活动造成水土流失所采取的预防和治理措施，属于我国生态文明建设的重要内容之一。严重的水土流失是国土安全、河湖安澜的重大隐患，威胁国家粮食安全和生态安全。20世纪初，我国成为世界上水土流失最为严重的国家之一。据最新的监测成果显示，全国水土流失面积占全国土地总面积（未含香港、澳门特别行政区和台湾省）的27.96%，几乎所有水土流失类型在我国都有分布，许多地区的水土流失还处于发育期、活跃期，造成耕地损毁、江河湖库淤积、区域生态环境破坏、水旱风沙灾害加剧，严重影响国民经济和社会的可持续发展。本章主要介绍水土保持的基本知识，并简要阐述水土保持工作的现状及发展。

一、水土流失与水土保持

（一）水土流失

水土流失是指在水力、重力、风力等外营力作用下，水土资源和土地生产能力的破坏与损失，包括土地表层侵蚀及水的损失，又称水土损失。

造成水土流失的原因很多，但归纳起来无外乎自然因素和人为因素两个方面。自然因素是水土流失的潜在因素，主要是指降水、风力等对土壤的破坏，主要的影响因素包括地形、地貌、气候、土壤、植被等，是水土流失的客观条件。人为因素则是引起水土流失的主导因素，主要是指人类对土地不合理的掠夺性开发利用，破坏了地面植被和稳定的地形，以致造成严重的水土流失。如乱砍滥伐、毁林开荒、顺坡耕作、草原超载过牧，以及修路、开矿、采石、建厂、随意倾倒废土和矿渣等不合理的人类活动，是水土流失产生的根本原因。

根据产生水土流失的“外营力”，分布最广泛的水土流失可分为水力侵蚀、风力侵蚀和重力侵蚀三种类型。

（1）水力侵蚀是指土壤及其母质或其他地面组成物质在降雨、径流等水体作用下，发生破坏、剥蚀、搬运和沉积的过程，包括面蚀、沟蚀等。水力侵蚀分布最为广泛，在山区、丘陵区和一切有坡度的松散土体表面，降雨时都可能会产生水力侵蚀。

（2）风力侵蚀是指风力作用于地面而引起土粒、沙粒飞扬、跳跃、滚动和堆积，并导致土壤中细粒损失的过程。沙尘暴是风力侵蚀的一种极端表现形式。风力侵蚀主要分布在我国西北、华北和东北的沙漠、沙地和丘陵盖沙地区，其次是东南沿海沙地，再次是河南、安徽、江苏几省的“黄泛区”（历史上由于黄河决口改道带出泥沙形成）。

（3）重力侵蚀是指土壤及其母质或基岩在重力作用下，发生位移和堆积的过程，包括崩塌、泄流和滑坡等形式。多发生在山地、丘陵、河谷及陡峻的斜坡地段，受地质构造、地面组成物质、地形、气候和植被等自然因素和人为因素的综合影响。

另外还有冻融侵蚀、冰川侵蚀、混合侵蚀和化学侵蚀。

（二）水土保持

在广义层面上，水土保持是指为防治水土流失，保护、改良与合理利用水土资源，维护和提高土地生产力，减轻洪水、干旱和风沙灾害，以利于充分发挥水资源、土资源的生态效益、经济效益和社会效益，建立良好生态环境，支撑可持续发展的生产活动和社会公益事业。在狭义层面上，水土保持是指针对自然因素及人为活动造成水土流失所采取的预防和治理措施。保护和合理利用水土资源，对于有效防治水土流失，维护和提高区域水土保持功能，保护和改善生态环境具有重要意义。水土保持工作应坚持以下三个原则：

（1）对生态环境良好，但水土流失潜在威胁较大的区域，要坚持“预防为主、保护优先”的方针，采取禁止和限制开发措施，重点保护好现有林草植被和水土保持设施，尽可能减小对水土资源的扰动，同时治理局部水土流失。

（2）对水土流失严重的区域，要坚持“因地制宜、综合治理”的方针，以小流域为单元，山水林田湖草沙统一规划，采取水土保持植物、工程和耕作措施等，进行综合治理，同时要保护好生态和水土流失治理成果。

（3）对农业生产活动以及生产建设活动导致的水土资源扰动和破坏，要按照“突出重点、科学管理”的方针，采用相应的预防、保护措施，以“保护中开发”与“开发中保护”相结合，防治开发利用过程中造成的人为水土流失。

水土保持措施是为了防治水土流失，保护、改良与合理利用水土资源，改善生态环境所采取的工程、植物和耕作等技术措施与管理措施的总称。

水土保持设施是具有防治水土流失功能的各类人工建筑物、自然和人工植被，以及自然地物的总称。

二、水土流失现状及其危害

我国国土辽阔，其中陆地面积约 960 万 km^2，水域面积约 473 万 km^2，是世界第三大国家。由于地域广阔，东西南北跨度大，地势地貌多种多样，有山地、丘陵、平原、高原、盆地、河流、岛屿、湖泊，其中山地面积约占全国土地面积的 33%，丘陵约占 10%，平原地区约占 12%，高原约占 26%，盆地约占 19%；且气候类型丰富多样，大部分地区属于季风气候，降水量集中，雨季降水量常达年降水量的 60%～80%，多暴雨，加之农耕文明由来已久，以及经济社会发展导致的生产建设项目急速扩张，大量土地遭受过度开发，使得我国成为当今世界上水土流失最严重的国家之一，水土流失呈现面广、量大、强度高等显著特征。

同时，由于我国复杂多变的气候类型和地形地貌特征，造成的水土流失形式也呈现多样性，几乎涵盖了全世界所有的水土流失类型，但水力侵蚀和风力侵蚀影响最为严重。从时间分布来看，水力侵蚀主要发生在 6—9 月的主汛期，土壤流失量一般占年均流失量的 80%以上；风力侵蚀主要发生在春冬季节。从区域分布来看，水力侵蚀以长江、黄河两大流域最为严重，水土流失面积分别约占流域总面积的18.57%和32.63%，特别是黄河中上游地区，水土流失面积占比更高；风力侵蚀主要分布在我国西北地区、内蒙古草原和东北的低平原地区，约占全国风蚀面积的90%。从地类分布来看，水力侵蚀主要分布在西北黄土高原、南方山地丘陵区、华北土石山区及东北漫岗丘陵山地区等；风力侵蚀主要集中干旱半干旱地区，尤其是干旱地区，如柴达木盆地的西北部、塔里木盆地东部的罗布泊地区等。

据2021年全国水土流失动态监测成果表明，我国共有水土流失面积267.42万km^2，占土地总面积的27.96%。其中，水力侵蚀面积110.58万km^2，占水土流失总面积的41.35%；风力侵蚀面积156.84万km^2，占水土流失总面积的58.65%。按侵蚀强度分类，轻度、中度、强烈、极强烈、剧烈等级的侵蚀面积分别为172.28km^2、44.52km^2、19.72km^2、14.68km^2、16.22km^2，分别占全国水土流失总面积的64.42%、16.65%、7.37%、5.49%、6.07%。

严重的水土流失，是我国生态恶化的集中反映，威胁国家生态安全、饮水安全、防洪安全和粮食安全，制约山丘区经济社会发展，影响全面小康社会建设进程。主要反映在以下几个方面：

(1) 破坏土地资源，耕地减少，土地退化严重。

水土流失使土层变薄，导致土地石漠化和砂砾化，失去农业利用价值，减少了耕地面积。水土流失使植被减少，地面植被覆盖率降低，土壤拦蓄地表径流能力减弱，坡地土壤持水力小，一旦遇干旱则农业产量下降，甚至绝收，人畜饮水也出现困难。据2021年全国水土流失动态监测成果显示，我国耕地水土流失面积为48.14万km^2，占全国水土流失面积的18%；林草地水土流失面积为134.11万km^2，占全国水土流失面积的50.15%。

(2) 泥沙淤积加剧了洪涝灾害，水土流失加剧了生态系统功能的恶化，影响水资源的有效利用。

由于大量泥沙下泄淤积江、河、湖、库，降低了水利设施的调蓄功能和天然河道的泄洪能力，加剧了下游的洪涝灾害。黄河流域土壤流失严重，生态环境恶化，大量泥沙淤积使河床逐年抬升，形成名副其实的“地上悬河”，增加了防洪的难度。黄河流域50%以上的雨水资源消耗于水土流失和无效蒸发。为减轻泥沙淤积造成的库容损失，部分黄河干流水库不得不采用蓄清排浑的方式运行，水资源不能得到合理储存利用，使大量宝贵的水资源随着泥沙下泄，黄河下游每年需用200亿m^3左右的水冲沙入海，以降低河床。

(3) 破坏生态环境，影响生态平衡。

水土流失导致土地沙化，土壤涵养水源能力降低，植被破坏，河流湖泊消失或萎缩，野生动物的栖息地减少，生物群落结构遭受破坏，繁殖率和存活率降低，严重时甚至威胁到种群的生存。同时，水土流失作为面源污染物的载体，在输送大量泥沙的过程中，也输送了大量的化肥、农药和生活垃圾等面源污染物，加剧水源污染，极大地破坏了生态环境，影响了生态系统的稳定和安全。

三、我国水土保持发展及规划

(一) 我国水土保持发展

我国农耕历史悠久，山丘区面积比重大，是世界上水土流失最严重的国家之一，在长期的历史实践中，我国劳动人民很早就认识到水土流失的危害，也积累了丰富的水土流失治理经验。当代的水土保持理论方法，很多都是我国历史上水土流失防治经验的延续与发展。

1. 近代我国水土保持

中华人民共和国成立后，围绕发展山区生产和治理江河等需要，党和政府很快将水土保持作为一项重要工作来抓，并大力号召开展水土保持工作。1957 年国务院颁布我国第一部较为系统、全面、规范的水土保持法规《中华人民共和国水土保持暂行纲要》，在经过一段时间的试验试办及推广后，伴随着农业合作化的高潮，水土保持工作迎来了一段全面推广发展的黄金时期，紧接着进入发展的高潮。随着，三年经济困难时期的开始，水土保持转入调整、恢复阶段，基本农田建设成为此后长时期内水土保持工作的主要内容。

2. 现代我国水土保持

改革开放后，随着国家将经济建设作为工作重点并实行改革开放政策，水土保持工作得以恢复并加强，同时以基本农田建设为主转入以小流域为单元进行综合治理的轨道。长江上中游水土保持重点防治工程、黄河中上游水土保持重点防治工程、黄土高原水土保持淤地坝试点工程、京津风沙源治理工程、东北黑土区水土流失综合防治试点项目等重点工程的实施，推动了水土流失严重地区的水土保持工作。20 世纪 80 年代后期在晋陕蒙接壤地区首先开展的水土保持监督执法工作，为水土保持法的制定颁布做了必要的前期探索和实践。1991 年，《中华人民共和国水土保持法》（简称《水土保持法》）正式颁布实施，水土保持工作由此走向了依法防治的轨道。

3. 新时期我国水土保持

进入 21 世纪以来，我国经济高速发展，国民经济能力有了大幅度增长，但以生态破坏为代价的发展带来的负面影响越来越明显，这将不利于长久的可持续发展。随之，党和国家也更加重视可持续发展和生态文明建设，“十二五”以来，陆续出台了若干关于生态保护的重大决定，对生态环境的治理和保护作出了全面的规划和部署。2010 年，重新修订了《水土保持法》，健全了水土保持法规体系，进一步完善了生产建设项目的水土保持监督管理。水土流失治理投入大幅度增加，国家重点治理的范围进一步扩大。

（二）我国水土保持规划

党的十九大报告指出，坚持人与自然和谐共生。必须树立和践行绿水青山就是金山银山的理念，坚持节约资源和保护环境的基本国策，像对待生命一样对待生态环境，统筹山水林田湖草系统治理，实行最严格的生态环境保护制度，形成绿色发展方式和生活方式，坚定走生产发展、生活富裕、生态良好的文明发展道路，建设美丽中国，为人民创造良好生产生活环境，为全球生态安全作出贡献。近年来出台的一系列重大纲领性文件，也为水土保持发展提供了强有力的政策支撑。

1.《全国主体功能区规划》

2010 年 12 月，《国务院关于印发全国主体功能区规划的通知》（国发〔2010〕46 号）中，将主体功能区中的限制开发区域区分为农产品主产区和重点生态功能区，重点生态功能区实行生态保护优先的理念，分为水源涵养型、水土保持型、防风固沙型和生物多样性维护型四种类型。其中，水土保持型主要指土壤侵蚀性高、水土流失严重、需要保持水土功能的区域，包括黄土高原丘陵沟壑水土保持生态功能区、大别山水土保持生态功能区、桂黔滇喀斯特石漠化防治生态功能区、三峡库区水土保持生态功能区，该类型区域内的发展方向是，大力推行节水灌溉和雨水集蓄利用，发展旱作节水农业；限制陡坡垦殖和超载过牧；加强小流域综合治理，实行封山禁牧，恢复退化植被；加强对能源和矿产资源开发及建设项目的监管，加大矿山环境整治修复力度，最大限度地减少人为因素造成新的水土流失；拓宽农民增收渠道，解决农民长远生计，巩固水土流失治理、退耕还林、退牧还草成果。防风固沙型主要指沙漠化敏感性高、土地沙化严重、沙尘暴频发并影响较大范围的区域，包括塔里木河荒漠化防治生态功能区、阿尔金草原荒漠化防治生态功能区、呼伦贝尔草原草甸生态功能区、科尔沁草原生态功能区、浑善达克沙漠化防治生态功能区、阴山北麓草原生态功能区，该类型区域内发展方向是，转变畜牧业生产方式，实行禁牧休牧，推行舍饲圈养，以草定畜，严格控制载畜量；加大退耕还林、退牧还草力度，恢复草原植被；加强对内陆河流的规划和管理，保护沙区湿地，禁止发展高耗水工业；对主要沙尘源区、沙尘暴频发区实行封禁管理。各生态功能区情况见表1-1。

表1-1　　各生态功能区情况

生态功能区	属地情况	发展方向
黄土高原丘陵沟壑水土保持生态功能区	黄土堆积深厚、范围广大，土地沙漠化敏感程度高，对黄河中下游生态安全具有重要作用。目前坡面土壤侵蚀和沟道侵蚀严重，侵蚀产沙易淤积河道、水库	控制开发强度，以小流域为单元综合治理水土流失，建设淤地坝
大别山水土保持生态功能区	淮河中游、长江下游的重要水源补给区，土壤侵蚀敏感程度高。目前山地生态系统退化，水土流失加剧，加大了中下游洪涝灾害发生率	实施生态移民，降低人口密度，恢复植被
桂黔滇喀斯特石漠化防治生态功能区	属于以岩溶环境为主的特殊生态系统，生态脆弱性极高，土壤一旦流失，生态恢复难度极大。目前生态系统退化问题突出，植被覆盖率低，石漠化面积加大	封山育林育草，种草养畜，实施生态移民，改变耕作方式
三峡库区水土保持生态功能区	我国最大的水利枢纽工程库区，具有重要的洪水调蓄功能，水环境质量对长江中下游生产生活有重大影响。目前森林植被破坏严重，水土保持功能减弱，土壤侵蚀量和入库泥沙量增大	巩固移民成果，植树造林，恢复植被，涵养水源，保护生物多样性
塔里木河荒漠化防治生态功能区	南疆主要用水源，对流域绿洲开发和人民生活至关重要，沙漠化和盐渍化敏感程度高。目前水资源过度利用，生态系统退化明显，胡杨木等天然植被退化严重，绿色走廊受到威胁	合理利用地表水和地下水，调整农牧业结构，加强药材开发管理，禁止过度开垦，恢复天然植被，防止沙化面积扩大
阿尔金草原荒漠化防治生态功能区	气候极为干旱，地表植被稀少，保存着完整的高原自然生态系统，拥有许多极为珍贵的特有物种，土地沙漠化敏感程度极高。目前鼠害肆虐，土地荒漠化加速，珍稀动植物的生存受到威胁	控制放牧和旅游区域范围，防范盗猎，减少人类活动干扰

续表

生态功能区	属 地 情 况	发 展 方 向
呼伦贝尔草原草甸生态功能区	以草原草甸为主，产草量高，但土壤质地粗疏，多大风天气，草原生态系统脆弱。目前草原过度开发造成草场沙化严重，鼠虫害频发	禁止过度开垦、不适当樵采和超载过牧，退牧还草，防治草场退化沙化
科尔沁草原生态功能区	地处温带半湿润与半干旱过渡带，气候干燥，多大风天气，土地沙漠化敏感程度极高。目前草场退化、盐渍化和土壤贫瘠化严重，为我国北方沙尘暴的主要沙源地，对东北和华北地区生态安全构成威胁	根据沙化程度采取针对性强的治理措施
浑善达克沙漠化防治生态功能区	以固定、半固定沙丘为主，干旱频发，多大风天气，是北京乃至华北地区沙尘的主要来源地。目前土地沙化严重，干旱缺水，对华北地区生态安全构成威胁	采取植物和工程措施，加强综合治理
阴山北麓草原生态功能区	气候干旱，多大风天气，水资源贫乏，生态环境极为脆弱，风蚀沙化土地比重高。目前草原退化严重，为沙尘暴的主要沙源地，对华北地区生态安全构成威胁	封育草原，恢复植被，退牧还草，降低人口密度

2.《全国国土规划纲要（2016—2030 年）》

2017 年 1 月 3 日，《国务院关于印发全国国土规划纲要（2016—2030 年）的通知》（国发〔2017〕3 号）中要求构建“五类三级”国土全域保护格局，以资源环境承载力评价为基础，依据主体功能定位，按照环境质量、人居生态、自然生态、水资源和耕地资源 5 大类资源环境主题，区分保护、维护、修复 3 个级别，将陆域国土划分为 16 类保护地区，实施全域分类保护。

强化水源涵养功能。在大兴安岭、小兴安岭、长白山、阿尔泰山地、三江源地区、甘南地区、南岭山地、秦巴山区、六盘山、祁连山、太行山-燕山等重点水源涵养区，严格限制影响水源涵养功能的各类开发活动，重建恢复森林、草原、湿地等生态系统，提高水源涵养功能。实施湿地恢复重大工程，积极推进退耕还湿、退田还湿，采取综合措施，恢复湿地功能。开展水和土壤污染协同防治，综合防治农业面源污染和生产生活用水污染。

增强水土保持能力。加强水土流失预防与综合治理，在黄土高原、东北黑土区、西南岩溶区实施以小流域为单元的综合整治，对坡耕地相对集中区、侵蚀沟及崩岗相对密集区实施专项综合整治，最大限度地控制水土流失。结合推进桂黔滇石漠化片区区域发展与扶贫攻坚，实施石漠化综合整治工程，恢复重建岩溶地区生态系统，控制水土流失，遏制石漠化扩展态势。

提高防风固沙水平。分类治理沙漠化，在嫩江下游等轻度沙漠化地区，实施退耕还林还草和沙化土地治理；在准噶尔盆地边缘、塔里木河中下游、塔里木盆地南部、石羊河下游等重度荒漠化地区，实施以构建完整防护体系为重点的综合整治工程；在内蒙古、宁夏、甘肃、新疆等地的少数沙化严重地区，实行生态移民，实施禁牧休牧，促进区域生态恢复。重点实施京津风沙源等综合整治工程，加强林草植被保护，对公益林进行有效管护，对退化、沙化草原实施禁牧或围栏封育。在适宜地区推进植树种草，实施工程固沙，开展小流域综合治理，大力发展特色中草药材种植、特色农产品生产加工、生态旅游等沙区特色产业。

3.《全国水土保持规划（2015—2030 年）》

《全国水土保持规划（2015—2030 年）》（以下简称《规划》），是为全面推进新时期我国水土保持工作，依据《水土保持法》，在系统总结我国水土保持经验和成效、深入分析水土流失现状的基础上，水利部会同国家发展改革委、财政部、国土资源部、环境保护部、农业部、国家林业局等部门组织编制的规划。《规划》经国务院 2015 年 10 月 4 日批复同意（国函〔2015〕160 号），水利部、国家发展改革委、财政部、国土资源部、环境保护部、农业部、国家林业局于 2015 年 12 月 15 日以“水规计〔2015〕507 号”文联合印发施行。之后水利部发文《关于贯彻落实〈全国水土保持规划（2015—2030 年）〉的意见》（水保〔2016〕37 号）指出，《规划》是中华人民共和国成立以来首部在国家层面上由国务院批复的水土保持综合性规划，《规划》的批复实施是我国水土流失防治工作的重要里程碑，标志着我国水土保持工作进入了规划引领、科学防治的新阶段。

国务院关于《规划》的批复：认真落实党中央、国务院关于生态文明建设的决策部署，树立尊重自然、顺应自然、保护自然的理念，坚持预防为主、保护优先，全面规划、因地制宜，注重自然恢复，突出综合治理，强化监督管理，创新体制机制，充分发挥水土保持的生态、经济和社会效益，实现水土资源可持续利用，为保护和改善生态环境、加快生态文明建设、推动经济社会持续健康发展提供重要支撑。通过《规划》实施，到 2020 年，基本建成水土流失综合防治体系，全国新增水土流失治理面积 32 万 km^2，年均减少土壤流失量 8 亿 t；到 2030 年，建成水土流失综合防治体系，全国新增水土流失治理面积 94 万 km^2，年均减少土壤流失量 15 亿 t。要以全国水土保持区划为基础，全面实施预防保护，重点加强江河源头区、重要水源地和水蚀风蚀交错区水土流失预防，充分发挥自然修复作用；以小流域为单元开展综合治理，加强重点区域、坡耕地和侵蚀沟水土流失治理。要强化水土保持监督管理，完善水土保持监测体系，推进信息化建设，进一步提升科技水平，不断提高水土流失防治效果。将水土保持知识纳入国民教育体系，强化宣传引导，加强社会监督，增强全民水土保持意识，有效控制人为水土流失。

《规划》及国务院的批复已明确了伴随我国全面建成小康社会并迈向现代化强国时期，水土保持工作的主要方向、发展目标以及任务内容。

4.《全国“十三五”生态环境保护规划》

2016 年 11 月，《国务院关于印发“十三五”生态环境保护规划的通知》（国发〔2016〕65 号）明确指出生态环境是全面建成小康社会的突出短板，在修复生态退化地区中要求要综合治理水土流失，推进荒漠化、石漠化治理和加强矿山地质环境保护与生态恢复。在综合治理水土流失方面，要加强长江中上游、黄河中上游、西南岩溶区、东北黑土区等重点区域水土保持工程建设，加强黄土高原地区沟壑区固沟保塬工作，推进东北黑土区侵蚀沟治理，加快南方丘陵地带崩岗治理，积极开展生态清洁小流域建设。在推进荒漠化及石漠化治理方面，要加快实施全国防沙治沙规划，开展固沙治沙，加大对主要风沙源区、风沙口、沙尘路径区、沙化扩展活跃区等治理力度，加强“一带一路”沿线防沙治沙，推进沙化土地封禁保护区和防沙治沙综合示范区建设。继续实施京津风沙源治理二期工程，进一步遏制沙尘危害。以“一片两江”（滇桂黔石漠化片区和长江、珠江）岩溶地区为重点，开展石漠化综合治理。

5.《全国“十三五”脱贫攻坚规划》

2016年11月，《国务院关于印发“十三五”脱贫攻坚规划的通知》（国发〔2016〕64号）关于生态保护扶贫，提出加快改善西南山区、西北黄土高原等水土流失状况，加强林草植被保护与建设。加大三北等防护林体系建设工程、天然林资源保护、水土保持等重点工程实施力度。加大新一轮退耕还林还草工程实施力度，加强生态环境改善与扶贫协同推进。在重点区域推进京津风沙源治理、岩溶地区石漠化治理、青海三江源保护等山水林田湖综合治理工程，遏制牧区、农牧结合贫困地区土壤沙化退化趋势，缓解土地荒漠化、石漠化，组织动员贫困人口参与生态保护建设工程，提高贫困人口受益水平。在重大生态建设扶贫工程中明确指出水土保持重点工程主要包括：加大长江和黄河上中游、西南岩溶区、东北黑土区等重点区域水土流失治理力度，加快推进坡耕地、侵蚀沟治理工程建设，有效改善贫困地区农业生产生活条件。

6.《中共中央关于制定国民经济和社会发展第十四个五年规划和二〇三五年远景目标的建议》

党的十九届五中全会审议通过的《中共中央关于制定国民经济和社会发展第十四个五年规划和二〇三五年远景目标的建议》（以下简称《建议》），明确将“美丽中国建设目标基本实现”纳入二〇三五年基本实现社会主义现代化远景目标，将“生态文明建设实现新进步”确立为我国“十四五”时期经济社会发展主要目标之一，强调“推动绿色发展，促进人与自然和谐共生”。这充分体现了以习近平同志为核心的党中央在生态文明建设上的战略定力和长远谋划，是着眼经济社会发展全局、顺应人民日益增长的美好生活需要做出的重大战略部署。

一要聚焦守住自然生态安全边界要求，全面推进水土保持强监管制度落地落实。人与自然是生命共同体，守住自然生态安全边界，必须要正确处理好人与自然的关系，必须要调整人的行为、纠正人的错误行为，必须要以强有力的监管为保障。要按照源头严防、过程严管、后果严惩的要求，建立水土保持监管权责清单，持续创新监管手段，分类细化监管规则标准，健全“横向到边、纵向到底”的监管体系，实现违法违规行为及时发现、严格查处，真正管住人为水土流失。结合国土空间用途管制，探索实施水土保持空间管控。健全水土保持监管与执法、执法与司法的有效衔接机制，强化与相关部门的协同监管执法，形成强监管合力。

二要围绕提升生态系统质量和稳定性要求，科学推进水土流失综合治理。水土资源是生态环境良性演替的基本要素。要坚持山水林田湖草沙系统治理，结合区域重大战略、区域协调发展战略、主体功能区战略，统筹考虑水土流失状况、经济社会发展要求和老百姓需求，尊重规律，科学确定水土流失综合治理布局。对黄河中游、长江上游、东北黑土区等水土流失严重区域，重在加快治理速度，实施重点治理，补齐生态系统短板。对生态功能区，结合重要生态系统保护修复重大工程，以保护和自然恢复为主，重在提升治理质量和效益。对农产品主产区，围绕增强农业生产能力、调整产业结构、群众增产增收，重点开展坡耕地和小流域综合治理。因地制宜推进生态清洁小流域建设。

三要落实开展生态系统保护成效监测评估要求，进一步提升水土保持监测与评价能力。完善农田、森林、草原、荒漠等生态系统水土流失监测方法，优化水土保持监测站点布局，建立全国、重点流域区域、省市县等多层级的水土流失状况和防治成效监测评价标准体系。每年完成一次水土流失动态监测全覆盖，定量全面掌握水土流失面积强度；每年选择重要生态功能区、生态敏感区和重点流域等开展水土保持状况成效监测评价；按季度对人为水土流失情况实施重点动态监控。强化监测数据分析应用，发挥好监测对管理的支撑作用，定期发布监测成果，为科学评估生态系统稳定性完整性、生态质量好坏、生态功能完善程度、保护开发利用等情况提供支持和依据。

7.《黄河流域生态保护和高质量发展规划纲要》

黄河是中华民族的母亲河，孕育了古老而伟大的中华文明，保护黄河是事关中华民族伟大复兴的千秋大计。推动黄河流域生态保护和高质量发展，具有深远历史意义和重大战略意义。保护好黄河流域生态环境，促进沿黄地区经济高质量发展，是协调黄河水沙关系、缓解水资源供需矛盾、保障黄河安澜的迫切需要；是践行绿水青山就是金山银山理念、防范和化解生态安全风险、建设美丽中国的现实需要；是强化全流域协同合作、缩小南北方发展差距、促进民生改善的战略需要；是解放思想观念、充分发挥市场机制作用、激发市场主体活力和创造力的内在需要；是大力保护传承弘扬黄河文化、彰显中华文明、增进民族团结、增强文化自信的时代需要。

第二节 水土保持生态建设项目

一、水土保持生态建设项目基本概念

（一）水土保持生态建设项目的目标与任务

《水土保持法》指出水土保持工作实质就是预防和治理水土流失，保护和合理利用水土资源，减轻水、旱、风沙灾害，改善生态环境，保障经济社会可持续发展。而水土保持生态建设项目就是为了保护和合理利用水土资源，提高土地生产力，改善农村生产生活条件及生态环境，按照水土流失规律、经济社会发展和生态安全的需要，在统一规划的基础上，调整土地利用结构，合理配置预防和控制水土流失而修建的工程和采取的措施。

目前，我国主要采取的是指以分水岭和出口断面为界形成的 5～50km^2 的闭合集水区小流域为单元，在全国规划的基础上，合理安排农、林、牧、副各业用地，布置水土保持农业耕作措施、植物措施与工程措施，做到互相协调，互相配合，形成综合的防治措施体系，以达到保护、改良与合理利用小流域水土资源的目的。

（二）水土保持生态建设项目建设管理

1. 专项规划

水利部根据党中央、国务院决策部署及全国水土保持规划，组织制定各类水土保持生态建设项目专项规划（实施规划），专项规划原则上按照5年实施期编制，明确国家水土保持重点工程建设范围和各省重点工程水土流失治理任务。省级水行政主管部门根据国家专项规划编制省级国家水土保持重点工程专项规划，明确工程实施范围、建设内容、建设任务和管理要求等，并组织县级水行政主管部门做好项目储备。

2. 前期工作

（1）项目建议书。

根据国家及地方有关部门批复的规划，重点论证项目建设的必要性，对项目目标系统和项目定义进行说明和细化，同时作为后继的可行性研究、技术设计和计划的根据，将目标转变成具体的实在的项目任务。

（2）可行性研究报告。

以批准的规划或项目建议书为依据，对工程建设的条件进行技术、经济、社会环境等综合分析论证和评价，论述项目建设的必要性、任务和规模，提出工程建设的总体布局，对技术设计方案进行比选，分区分类进行措施典型设计，并估算工程量，做出投资估算。

（3）初步设计报告。

根据批复的可行性研究报告将工程、林草、农业等面上措施落实到图斑，对工程措施进行细化设计，计算工程量和作出工程概算。淤地坝（含病险淤地坝除险加固）工程按单坝编制。

（4）实施方案。

根据批复的实施规划，按小流域或片区编制，简述项目的背景、建设的必要性，对措施的设计方案进行必要的比选，将工程、林草、农业等面上措施落实到图斑，对各项措施进行细化设计，计算工程量和作出工程预算，分析项目实施效益。实施方案应达到初步设计深度，满足施工要求。

注：如无特殊要求，水土保持生态建设项目前期工作可直接编制实施方案，实施方案由地方水行政主管部门审查审批，具体审批权限和程序由省级水行政主管部门确定。

3. 项目实施

（1）计划管理。

省级根据国家下达的年度资金计划任务，采用综合因素测算法确定年度资金计划任务分解和项目安排。未完成前期工作审查批复的项目不予安排年度投资。

（2）建设管理。

各地可根据水土保持工程特点，探索创新工程建设管理方式，鼓励采取以奖代补、以工代赈、村民自建等方式开展工程建设。不采取以奖代补等方式实施的工程，应参照基本建设程序进行管理，业主方按照批复的实施方案，以招投标形式确定项目施工、监理、监测等单位。项目建设严格按照国家要求推进，达到国家投资计划执行调度要求。

4. 项目验收

（1）验收管理。

工程建成后各地严格按照“谁审批，谁验收”的原则和有关规定程序与要求及时组织验收。

（2）信息化管理。

用好全国水土保持信息管理上报系统平台，规范信息录入，工程建设相关数据要完整准确录入生态治理系统，将信息化管理贯穿工程建设的全过程。

二、水土保持生态建设项目的规划与措施

在经济建设中，为了更好地利用和保护水土资源，首先必须开展区域（县、乡、村等）水土流失调查，分析水土流失状况，编制区域水土保持规划，确定水土保持重点设计。

（一）水土保持生态建设项目的规划思路

水土保持规划应当在水土流失调查结果及水土流失重点防治区划定的基础上，遵循统筹协调、分类指导的原则编制。水土保持规划应当与土地利用总体规划、水资源规划、城乡规划和环境保护规划等相协调，并在规划报请审批前征求本级人民政府水行政主管部门的意见。

水土流失调查作为水土保持规划的基础工作，其任务是查明规划单元的土地资源状况、产生水土流失的自然因素和社会因素，以及水土流失类型、强度、分布，鉴定其潜在危险，查明水土保持现状及社会经济状况，为合理评价、开发利用、保护水土资源和编制水土保持规划提供依据。主要调查内容如下。

1. 小流域地貌调查

进行小流域地貌调查，首先要搜集当地的地形图、地貌图、坡度组成图及文字资料，在此基础上，经过必要的实地调查分析，对小流域的流域面积、海拔高程、流域长度、流域宽度、河床平均比降、流域形状、地貌类型、地面坡度和沟壑密度及其所处的经纬度进行综合描述。

2. 水土流失影响因子调查

水土流失影响因子调查主要包括以下几方面。

降雨、水文特征和风力调查：降雨量、水位、流量、含沙量特征数据。

土壤性状调查：土壤质地、土壤含水量、土壤渗透性、土壤抗冲蚀性、土壤养分含量分级、土壤酸碱度指标。

植被调查：植被覆盖率、郁闭度、种类。

土地资源调查：区分农地、林地、草地、荒地、水域、其他用地、难利用地的土地类型，评价土地资源等级。

社会经济情况调查：调查区域内基本情况、经济状况、燃料问题、农业耕作制度、当地优良树种、牧业生产状况等。

3. 水土流失面积调查

水土流失面积调查主要分为面蚀调查、沟蚀调查、崩塌滑坡、床面形态、风蚀厚度等

调查。

水土流失面积的计算可根据《土壤侵蚀分类分级标准》（SL 190—2007）规范，结合全国水土流失动态监测数据划分出微度、轻度、中度、强烈、极强烈和剧烈侵蚀的栅格，求和轻度及以上侵蚀面积即为水土流失面积。

4. 土壤侵蚀量调查

土壤侵蚀量调查主要分为面蚀侵蚀量、沟谷侵蚀量及坡耕地土壤侵蚀量。

上述侵蚀量可利用植物根部土壤流失痕迹、原有建筑、水利水保工程调查、沟谷断面变化、坡耕地土壤沙质化速度等指标推算侵蚀量。

5. 水土流失危害调查

水土流失危害调查内容包括土壤流失量、土壤损失养分、水分流失量、农业生产减产损失、水利设施淤积影响、对下游防洪、城镇安全、污染等。

（二）水土保持生态建设项目的措施布设

生态建设项目水土保持主要目标为防止坡地侵蚀、减少水土流失，结合我国生态建设项目水土保持实际情况，重点设计应放在小流域综合治理。小流域是江河的最小单元，是中、大流域泥沙来源地，既是治理的自然单元，又是开发的经济单元。

其综合治理要求：以小流域为单元，按照山、水、田、林、路、渠、村统一规划，工程、植物和耕作三大治理措施优化配置的原则，经过综合治理，形成多目标、多功能的小流域综合防护体系。

其综合治理原则：因地制宜、因害设防、综合治理，防治结合，治理开发一体化，突出重点、选好突破口，规模化治理、区域化布局，治管结合，顺序治理。

其综合治理主要措施包括改变坡面地形坡度，调控坡面径流。坡面的土壤侵蚀主要是径流冲刷所造成的，在采取工程措施、植物措施和保护性耕作等降低坡度、拦蓄降水的同时，建立排洪防冲渠系，以形成坡面径流拦蓄调控水系。结合坡改梯、植树种草在坡面建截水沟、蓄水池拦蓄径流，坡耕地四周挖边沟，沿山建设排洪沟；沉沙凼作为沟、池的配套工程。

（三）水土保持生态建设项目管理与措施

根据《水土保持工程设计规范》（GB 51018—2014），以及水土流失防治、生态建设及经济社会发展需求，统筹山、水、田、林、路、渠、村进行总体布置，做到坡面与沟道、上游与下游、治理与利用、植物与工程、生态与经济兼顾，使各类措施相互配合，发挥综合效益。

1. 水土保持管理规定

（1）预防监督。

禁止在崩塌、滑坡危险区和泥石流易发区从事取土、挖砂、采石等可能造成水土流失的活动。

在侵蚀沟的沟坡和沟岸、河流的两岸以及湖泊和水库的周边，土地所有权人、使用权人或者有关管理单位应当营造植物保护带。禁止开垦、开发植物保护带。

禁止在25°以上陡坡地开垦种植农作物。在25°以上陡坡地种植经济林的，应当科学选择树种，合理确定规模，采取水土保持措施，防止造成水土流失。

禁止在水土流失重点预防区和重点治理区铲草皮、挖树蔸或者滥挖虫草、甘草、麻黄等。

林木采伐应当采用合理方式，严格控制采伐；对水源涵养林、水土保持林、防风固沙林等防护林只能进行抚育和更新性质的采伐；对采伐区和集材道应当采取防止水土流失的措施，并在采伐后及时更新造林。

(2) 综合治理。

国家加强水土流失重点预防区和重点治理区的坡耕地改梯田、淤地坝等水土保持重点工程建设，加大生态修复力度。

国家加强江河源头区、饮用水水源保护区和水源涵养区水土流失的预防和治理工作，多渠道筹集资金，将水土保持生态效益补偿纳入国家建立的生态效益补偿制度。

在水力侵蚀地区，地方各级人民政府及其有关部门应当组织单位和个人，以天然沟壑及其两侧山坡地形成的小流域为单元，因地制宜地采取工程措施、植物措施和保护性耕作等措施，进行坡耕地和沟道水土流失综合治理。

在风力侵蚀地区，地方各级人民政府及其有关部门应当组织单位和个人，因地制宜地采取轮封轮牧、植树种草、设置人工沙障和网格林带等措施，建立防风固沙防护体系。

在重力侵蚀地区，地方各级人民政府及其有关部门应当组织单位和个人，采取监测、径流排导、削坡减载、支挡固坡、修建拦挡工程等措施，建立监测、预报、预警体系。

在饮用水水源保护区，地方各级人民政府及其有关部门应当组织单位和个人，采取预防保护、自然修复和综合治理措施，配套建设植物过滤带，积极推广沼气，开展清洁小流域建设，严格控制化肥和农药的使用，减少水土流失引起的面源污染，保护饮用水水源。

已在禁止开垦的陡坡地上开垦种植农作物的，应当按照国家有关规定退耕，植树种草；耕地短缺、退耕确有困难的，应当修建梯田或者采取其他水土保持措施。

在禁止开垦坡度以下的坡耕地上开垦种植农作物的，应当根据不同情况，采取修建梯田、坡面水系整治、蓄水保土耕作或者退耕等措施。

2. 水土保持措施分类

(1) 水土保持工程措施。

为防治水土流失危害，保护和合理利用水土资源而修筑的各项工程设施，包括治坡工程（各类梯田、台地、水平沟、鱼鳞坑等）、治沟工程（如淤地坝、拦沙坝、谷坊、沟头防护等）和小型水利工程（如水池、水窖、排水系统和灌溉系统等）。

水土保持工程措施一定要因害设防，合理进行规划。较大的工程项目，还要有单项工程设计，按工程规模确定审批权限。

(2) 水土保持植物措施。

防治水土流失，保护与合理利用水土资源，采取造林种草及管护的方法，增加植被覆盖率，用以维护和提高土地生产力。主要包括造林、种草和封山育林、育草；保土蓄水，改良土壤，增强土壤有机质抗蚀力等。

在轻度流失区和部分中度流失区，主要是封禁治理，在封禁的同时，进行补植林草。

对较为严重的中度和强度以上流失区，先种草类和灌木，增加覆盖，逐步改善流失地区土壤的物理、化学性状，改善植物的立地条件。当适宜栽种乔木林和经济林时，可优先安排经济林和用材林。

(3) 水土保持耕作措施。

以改变坡面微小地形，增加植被覆盖或增强土壤有机质抗蚀力等方法，保土蓄水，改良土壤，以提高农业生产的技术措施。如等高耕作、等高带状间作、沟垄耕作少耕、免耕等。

三、水土保持生态建设项目监测

(一) 水土保持监测的目标与任务

通过对项目建设过程中水土保持措施完成情况和植物措施实施效果进行动态监测，及时发现问题，并通过对设计、施工及运行管理等工作的调整和修改，使工程建设效益得到最大发挥。为客观评价水土保持重点建设工程项目提供较为客观、准确、真实的基础数据，为该项目的竣工验收提供依据，为今后水土流失防治工作寻求更好的治理方向和模式提供参考，为科学评价流域水土流失综合治理效果提供科学数据。

(1) 掌握项目区的自然环境、土地利用现状以及水土流失及治理情况。

(2) 对项目区内各项工程、林草及耕作措施的实施情况与质量进行动态监测。

(3) 对项目区水土保持功能、水土保持效益及水土流失发展趋势进行监测，对治理前后的水沙变化及各项措施的发展状况及其功能进行分析。

(二) 水土保持监测技术路线

(1) 收集小流域综合治理项目规划设计、有关小流域的地形图、土地利用、社会经济数据资料；实地勘察（补测）小流域水土流失及水土保持现状，摸清小流域基底情况，校核有关数据资料。

(2) 根据水土流失类型区划成果和水土保持监测任务，结合区域实际及相关工作基础，确定监测点布局，并制订监测计划。

(3) 明确水土保持监测指标以及水土保持监测的方法、频次与要求等。

(4) 实施全面监测，主要包括措施实施情况、土壤侵蚀因子、土壤侵蚀状况、水土流失防治现状、效益监测等内容。

(5) 通过开展地面观测和调查监测获取各类监测信息（有条件地开展土壤侵蚀遥感监测），编写监测报告。

(6) 在收集治理区基础资料和全面监测的基础上，开展水土流失综合防治效益研究课题，建立评价指标体系。

(三) 水土保持监测的工作内容

1. 监测范围与时段

水土保持监测范围应为全部流域治理面积。水土保持监测分区应根据水土流失预测为基础，结合项目各工程布局进行划分。监测时段可分为项目规划实施期和效益监测期。

2. 监测内容和指标

(1) 项目区基底值监测，包括本项目特征值、地理环境、水文气象、土地利用情况、水土流失状况、水土流失危害、社会经济情况等。

（2）水土保持治理措施监测，是对各类水土保持治理措施的数量、质量和治理进度等内容进行监测。

（3）水土保持效益监测。水土保持效益是在实施水土保持措施后，能够取得的利益或收益，包括蓄水保土效益、经济效益、社会效益和生态效益。有些效益是通过前面的监测数据分析整理得出的；有些效益（如经济效益）还需要进行实测和调查监测。

3. 监测方法和时段

监测单位应当针对不同监测内容和重点，采取卫星遥感、无人机遥感、地面观测、实地调查和区域动态监测等多种方式，充分运用互联网＋、大数据等高新信息技术手段实现定量监测和过程控制。

监测时段的确定原则是：对于春季造林或种草的，在秋季进行成活率调查。保存率在所有治理措施完成一年后进行全面调查。监测指标采用标准地调查法及观测法。

4. 水土保持效益监测

水土保持效益监测主要包括经济效益监测和生态效益监测。经济效益监测：耕地面积、基本农田、人工造林种草、舍饲养畜、粮食产值、生产投入与产出情况、农户经营收入情况、农户劳动力作用情况等；生态效益监测：项目实施后，土地利用状况得到改善，改良土壤，使土壤发育良好，增加抗蚀、抗冲能力，逐步改善土壤的理化性质；各项措施实施后给当地带来的社会效益。

5. 监测结果与分析

总结分析项目区水土保持措施实施情况和带来的各项效益，以及通过治理后项目区内水土流失状况的改变，并编制项目监测总结报告。

第三节　生产建设项目水土保持

一、生产建设项目水土保持基本概念

（一）生产建设项目水土保持目标与任务

生产建设项目由于人为因素不可避免地会新增水土流失的隐患。在工程建设期，由于大规模的扰动、开挖原地貌，以及产生的大量弃土弃渣，从而使原地表土壤、植被遭到破坏，增加了裸露面积，表土的抗蚀能力减弱，加剧了区域内的水土流失的速率。

而生产建设项目水土保持的目标与任务就是，通过调查工程建设区及周边区域水土保持设施破坏情况的基础上，预测因工程建设可能造成的新增水土流失量，提出相应的防治对策和具体的水土保持措施，为预防和治理生产建设活动导致的水土流失，保护和合理利用水土资源，改善生态环境，保障经济社会可持续发展。

（二）生产建设项目的建设性质及水土保持措施类型

根据《生产建设项目水土保持技术标准》（GB 50433—2018），由建设布局形式划分为线型生产建设项目和点型生产建设项目。线型生产建设项目是指布局跨度较大、呈线状分

布的项目，点型生产建设项目是指布局相对集中、呈点状分布的项目。

从水土保持施工持续影响划分为建设类项目和建设生产类项目。建设类项目是指工程竣工后，运营期没有开挖、取土（石、砂）、弃土（石、渣、灰、矸石、尾矿）等扰动地表活动的项目；建设生产类项目是指工程竣工后，生产期仍存在开挖、取土（石、砂）、弃土（石、渣、灰、矸石、尾矿）等扰动地表活动的项目。

水土保持措施总体布局应结合工程实际和项目区水土流失特点，因地制宜，因害设防，提出总体防治思路，明确综合防治措施体系，工程措施、植物措施以及临时措施有机结合，主要包含以下9种类型：表土保护措施、拦渣措施、边坡防护措施、截排水措施、降水蓄渗措施、土地整治措施、植物措施、临时防护措施、防风固沙措施。

（三）生产建设项目水土保持实施程序

1. 建设前期

（1）建设应符合有关规划要求。

项目在实施过程中可能造成水土流失的，区域或行业规划须提出水土流失预防和治理的对策和措施，并征求相关水行政主管部门的意见。

生产建设项目的建设须落实区域或行业规划中提出的水土保持要求。

（2）选址选线应满足水土保持要求。

生产建设项目选址、选线应当避让水土流失重点预防区、重点治理区、生态脆弱区、泥石流易发区、崩塌滑坡危险区，以及其他水土保持敏感区域。

对无法避让的生产建设项目，应提出提高防治标准、优化施工工艺，严格控制扰动地表和植被损坏范围、减少工程占地、加强工程管理，有效控制可能造成的水土流失。

（3）编报审批水土保持方案。

生产建设单位应自行或委托具备相应技术条件的单位编制水土保持方案，并由相关部门审批，并按照经批准的水土保持方案，采取水土流失预防和治理措施。

（4）开展水土保持后续设计。

生产建设单位应当按照批准的水土保持方案，与主体工程同时开展水土保持设施初步设计和施工图设计，并有专项报告或独立章节；严格控制重大变更，如有重大变更，则需重新编制水土保持方案并向原审批部门办理审批手续。

（5）按规定及时缴纳水土保持补偿费。

对损坏了水土保持设施、地貌植被，不能恢复原有水土保持功能的，应当向水行政主管部门缴纳水土保持补偿费用。各类收费具体标准按照各省出台的水土保持补偿费征收标准执行。

2. 建设期

（1）落实水土保持责任，健全水土保持管理机制。

须落实水土保持工作具体负责人员，有条件地建立水土保持管理机构落实水土保持管理责任，确定水土保持工作负责人员。

建立水土保持工作运行机制，定期检查和汇报水土保持工作进展情况。

建立水土保持工作管理制度，确保各参建单位及时落实水土保持相关工作。

加强水土保持培训，提高各参建单位的水土保持意识。

严格落实“三同时”制度，依法应当编制水土保持方案的生产建设项目中的水土保持设施，应当与主体工程同时设计、同时施工、同时投产使用。

(2) 组织开展水土保持监测工作。

在项目开工前，生产建设单位应自行或委托具备相应技术条件的单位，编制水土保持监测实施方案，并对生产建设活动造成的水土流失进行监测，定期报送监测季报、年报、危害事件。

(3) 组织开展水土保持监理工作。

在项目开工前，生产建设单位应确定水土保持监理单位，按照批复的水土保持方案及后续设计文件中所确定的预防、治理、监督等措施编制监理规划、监理实施细则。

(4) 组织开展水土保持监测、监理技术交底工作。

在开工前组织水土保持设计、施工、主体工程监理、水土保持监理、水土保持监测等单位对水土保持监理、水土保持监测工作进行技术交底，明确各个单位的水土保持工作职责。

(5) 强化对施工单位的管理。

强化合同管理：在施工招投标文件和施工合同中明确水土保持设施的内容、质量和进度要求，明确水土保持管理规定，明确水土保持监测要求，明确奖惩处罚措施和资金支付要求等。

强化施工过程管理：定期检查水土保持措施实施情况和水土保持要求落实情况。

加强施工培训：提高施工单位对水土保持工作的认识，了解和掌握水土保持工作的法律责任和要求。

(6) 水土保持设施与主体工程同时施工。

各项水土保持措施应按工程设计要求，与主体工程同步实施。

按照水土保持方案要求，严格控制扰动土地范围。

按照水土保持方案和水土保持相关规定要求进行表土剥离，集中堆放并采取相应的防护措施。

取、弃土（渣）场应按照水土保持方案中确定的位置布设，并按“先拦后弃”的原则采取拦挡措施。

注重临时防护措施的布设及管理维护。

(7) 水土保持方案变更须履行变更管理规定。

水土保持方案批准后，生产建设项目地点和规模发生重大变化的应重新报批。

(8) 落实水行政主管部门提出的整改要求。

配合有关水行政主管部门的监督检查，汇报项目水土保持工作开展情况，提供水土保持相关资料、影像、档案等。

水行政主管部门提出整改要求的生产建设项目，生产建设单位应当制订整改计划和落实措施，在规定期限内完成整改工作，并将整改结果及时报送有关水行政主管部门。

(9) 生产运行期。

水土保持设施验收合格后，生产建设项目方可通过竣工验收和投产使用。生产建设单位或者管理维护单位应加强弃土、石、渣场的巡查和观测及水土保持设施的管理维护，确保水土保持设施安全、有效运行。

二、生产建设项目水土保持方案与措施

（一）水土保持方案编制依据

根据《水土保持法》规定及有关技术规范要求，为防止在我国进行的各种生产建设项目造成新的水土流失，都必须编制水土保持方案。编制的水土流失预防保护和综合治理的设计文件，是生产建设项目总体设计的重要组成部分，是设计和实施水土保持措施的技术依据。

其中，征占地面积在 $5hm^2$ 以上或者挖填土石方总量在 5 万 m^3 以上的生产建设项目（以下简称项目）应当编制水土保持方案报告书，征占地面积为 0.5～$5hm^2$ 或者挖填土石方总量为 1000～5 万 m^3 的项目编制水土保持方案报告表。如水土保持方案经批准后，生产建设项目地点、规模发生重大变化，则生产建设单位应及时向原审批部门办理变更审批手续。

水土保持方案应根据工程所在区域的地形地貌特征和地质条件，对水土保持措施的类型、形式、规模、数量、布局等进行比选，选择技术合理、符合实际的水土保持工程措施和植物措施，并严格按水土保持工程设计标准、规范要求进行设计，使水土保持设计具有投资省、效果好、易实施的特点。

（二）生产建设项目水土流失防治基本规定

1. 基本规定

（1）项目全过程应控制和减少对原地貌、地表植被、水系的扰动和损毁，保护原地表植被、表土及结皮层、沙壳与地衣等，减少占用水、土资源，提高利用效率。

（2）开挖、填筑、排弃的场地应采取拦挡、护坡、截（排）水等防治措施。

（3）弃土（石、渣）应综合利用，不能利用的应集中堆放。

（4）土建施工过程应有临时防护措施。

（5）施工迹地应及时进行土地整治，恢复其利用功能。

2. 基本目标

（1）项目建设范围内的新增水土流失应得到有效控制，原有水土流失应得到治理。

（2）水土保持设施应安全有效。

（3）水土资源、林草植被应得到最大限度的保护与恢复。

（4）水土流失治理度、土壤流失控制比、渣土防护率、表土保护率、林草植被恢复率、林草覆盖率六项指标应符合现行国家标准《生产建设项目水土流失防治标准》（GB 50434—2018）的规定。

（三）水土保持方案的基本内容

根据《生产建设项目水土保持技术标准》（GB 50433—2018），水土保持方案报告书内容规定如下。

第一章　综合说明

主要包括：项目简介、方案编制依据、设计水平年、防治责任范围、防治目标、项目水土保持评价结论、水土流失预测结果、水土保持措施布设成果、水土保持监测方案、水

土保持投资及效益分析成果、结论。

第二章　项目概况

主要包括：项目组成及工程布置、施工组织、工程占地、土石方平衡、拆迁移民安置与专项设施改（迁）建、施工进度、自然概况。

第三章　项目水土保持评价

主要包括：主体工程选址（线）水土保持评价、建设方案评价、工程占地评价、土石方平衡评价、取土（石、砂）场设置评价、弃土（石、渣、灰、岩石、尾矿）场设置评价、施工方法与工艺评价、主体工程设计中具有水土保持功能工程的评价、主体工程设计中水土保持措施界定。

第四章　水土流失分析与预测

主要包括：水土流失现状、水土流失因素分析、土壤流失量预测、水土流失危害分析、指导性意见。

第五章　水土保持措施

主要包括：防治区划分、措施总体布局、分区措施布设、施工要求。

第六章　水土保持监测

主要包括：监测范围与时段、监测内容与方法，监测点位布设、监测实施条件和监测成果。

第七章　水土保持投资估算及效益分析

第八章　水土保持管理

主要包括：组织管理、后续设计、水土保持监测、水土保持监理、水土保持施工、水土保持设施验收。

附件：应包括项目立项的有关文件和其他有关文件。

附表：防治责任范围表（涉及县级行政区较多时）、防治标准指标计算表（分区段标准较多时）、单价分析表。

附图：项目地理位置图，应包含行政区划、主要城镇和交通路线；项目区水系图，应包含主要河流、排干渠、水库、湖泊等；项目区土壤侵蚀强度分布图；项目总体布置图，应反映项目组成的各项内容，公路、铁路项目图应有平、纵断面缩图；分区防治措施总体布局图（含监测点位）；水土保持典型措施布设图。

（四）防治措施

针对生产建设项目产生的水土流失，方案报告书中均应有防治措施体系。在措施的时效方面，要防控到建设活动的全过程；在防治措施的空间布局方面，要科学合理综合配置，工程措施、植物措施和临时防护措施相结合，临时措施和永久措施相结合等；在防治措施的全方位方面，要做到全覆盖，责任范围内的每个区域、每个扰动地块均应布设防治措施；在与主体工程紧密结合方面，要与主体工程的进度相衔接，成为建设项目的组成部分，同步设计和施工。主要包括以下措施。

1. 表土保护措施

在工程施工前应剥离表土，用于后期绿化、复耕，剥离的表土应集中存放，并采取临时拦挡、苫盖、排水等防护措施。

2. 拦渣措施

弃土（石、渣）场都需要在下游或周边设置挡渣坝或挡渣墙，并遵循“先挡后弃”的原则。

3. 边坡防护措施

对稳定边坡采取工程护坡和植物护坡。

4. 截排水措施

对工程建设破坏原地表水系和改变汇流方式的区域，应布设截排水沟以及与下游的顺接措施，将工程区域和周边的地表径流安全排主下游自然沟道区域。

5. 降水蓄渗措施

对干旱或城市项目，应因地制宜地采取蓄水池、渗井、渗沟、透水铺设、下凹式绿地等降水蓄渗措施，集蓄建筑物和地表硬化后产生的径流。

6. 土地整治措施

在施工或开采结束后，应对弃土（石、渣）场、取土（石、砂）场、施工生产生活区、施工道路、施工场地、绿化区域及空闲地、矿山采掘迹地等进行土地整治。

7. 植物措施

项目占地范围内除建（构）筑物、场地硬化、复耕占地外，适宜植物生长的区域均应布设植物措施。

8. 临时防护措施

施工期间容易造成水土流失的临时堆土、取土石、砂场、弃土（石、渣）场、施工场地等裸露区域，需采取临时防护措施，主要包括临时拦挡、苫盖、排水、沉沙、植草等。

9. 防风固沙措施

在易受风沙危害的区域布设沙障及其配套固沙植物、砾石或碎石压盖等。

三、生产建设项目水土保持监测

（一）水土保持监测依据

根据《水土保持法》和《水利部办公厅关于进一步加强生产建设项目水土保持监测工作的通知》（办水保〔2020〕161号）规定，对编制水土保持方案报告书的生产建设项目，生产建设单位应当自行或者委托具备相应技术条件的机构开展水土保持监测工作。

承担生产建设项目水土保持监测任务的单位（以下简称监测单位），应当按照水土保持有关技术标准和水土保持方案的要求，根据不同生产建设项目的特点，明确监测内容、方法和频次，调查获取项目区水土流失背景值，定量分析评价项目动土至投产使用过程中的水土流失状况和防治效果，及时向生产建设单位提出控制施工过程中水土流失的意见和建议，并按规定向水行政主管部门定期报送监测情况。

（二）水土保持监测的目的

（1）通过监测工程施工期和试运行期水土流失强度与原地貌条件下相应时段的水土流失量的变化情况，判定水土保持方案中各项水土保持措施的有效性。

（2）通过对工程建设区水土流失重点部位的监测，研究其水土流失的形式、程度及其危害，为当地水行政主管部门进行水土保持监督提供资料依据，以便及时采取有效的防治措施，确保工程安全，减少水土流失。

（3）通过对实施的各类水土保持措施进行施工监督和运行情况监测，来保证工程建设质量和工程建设进度，了解实施的各类水土保持措施在运行过程中的变化情况与各项措施对工程的影响。

（4）检验水土流失防治目标，同时为优化水土保持设施提供科学依据，为同类工程的水土保持方案编制积累经验。

（5）为工程竣工验收提供技术依据。

（三）监测任务要求

1. 监测范围与时段

水土保持监测范围应包括水土保持方案确定的水土流失防治责任范围，以及项目建设与生产过程中受到扰动与危害的其他区域。水土保持监测分区应以水土保持方案确定的水土流失防治分区为基础，结合项目工程布局进行划分。

建设类项目水土保持监测应从施工准备期开始至设计水平年结束。监测时段可分为施工准备期、施工期和试运行期。

2. 监测内容和重点

生产建设项目水土保持监测的内容主要包括项目施工全过程各阶段扰动土地情况、水土流失状况、防治成效及水土流失危害等方面。

（1）在扰动土地方面，应重点监测实际发生的永久和临时占地、扰动地表植被面积、永久和临时弃土（石、渣）及变化情况等。

（2）在水土流失状况方面，应重点监测实际造成的水土流失面积、分布、土壤流失量及变化情况等。

（3）在水土流失防治成效方面，应重点监测实际采取水土保持工程、植物和临时措施的位置、数量，以及实施水土保持措施前后的防治效果对比情况等。

（4）在水土流失危害方面，应重点监测水土流失对主体工程、周边重要设施等造成的影响及危害等。

3. 监测方法和频次

监测单位应当针对不同监测内容和重点，综合采取卫星遥感、无人机遥感、视频监控、地面观测、实地调查量测等多种方式，充分运用互联网＋、大数据等高新信息技术手段，不断提高监测质量和水平，实现对生产建设项目水土流失的定量监测和过程控制。

扰动土地情况应至少每月监测 1 次，其中正在使用的取土弃渣场至少每两周监测 1 次；对 3 级以上弃渣场应当采取视频监控方式，全过程记录弃渣和防护措施实施情况。

水土流失状况应至少每月监测 1 次，发生强降水等情况后应及时加测。其中土壤流失量结合拦挡、排水等措施，设置必要的控制站，进行定量观测。

水土流失防治成效应至少每季度监测 1 次，其中临时措施应至少每月监测 1 次。

4. 监测点布设

水土流失监测点的布设应根据本工程的特点、扰动地表面积和特征、涉及的水土流失不同类型、扰动开挖和堆积形态、植被状况、水土保持设施及其布局，以及交通、通信等条件综合确定。具体包括植物措施监测点、工程措施监测点、土壤流失量监测点。

5. 重点对象监测

对弃土（石、渣）场在弃渣期间，应重点监测扰动面积、弃渣量、土壤流失量以及拦挡、排水和边坡防护措施等情况。弃渣结束后，应重点监测土地整治、植被恢复或复耕等水土保持措施情况。取土（石、料）场在取料期间，应重点监测扰动面积、废弃料处置和土壤流失量。取料结束后，应重点监测边坡防护、土地整治、植被恢复或复耕等水土保持措施实施情况。

大型开挖（填筑）区在施工过程中，应通过定期现场调查，记录开挖（填筑）面的面积、坡度，并应监测土壤流失量和水土保持措施实施情况。施工结束后，应重点监测水土保持措施情况。

施工道路在施工期间，应通过定期现场调查，掌握扰动地表面积、弃土（石、渣）量、水土流失及其危害、拦挡和排水等水土保持措施的情况。施工结束后，应重点监测扰动区域恢复情况及水土保持措施情况。

临时堆土（石、渣）场应重点监测临时堆土（石、渣）场数量、面积及采取的临时防护措施，堆土使用完毕后，调查渣土料去向及场地恢复情况。

6. 水土流失防治评价

水土流失情况评价的主要内容应包括水土流失防治责任范围、地表扰动面积、弃土（石、渣）状况以及水土流失的面积、分布与强度等的变化情况。

水土保持效果评价的主要内容应包括水土保持措施实施情况、防治效果及水土流失防治目标达标情况。

7. 监测成果及报告

监测单位在监测工作开展前要制定监测实施方案；在监测期间要做好监测记录和数据整编，按季度编制监测报告（以下简称监测季报）；在水土保持设施验收前应编制监测总结报告。监测实施方案、日常监测记录数据监测意见、监测季报和总结报告，应及时提交生产建设单位。监测单位发现可能发生水土流失危害情况的，应随时向生产建设单位报告。

思 考 题

1. 什么是水土流失？
2. 土壤侵蚀强度分哪几级？
3. 水土保持生态建设项目按工程措施分哪几类？
4. 水土保持生态建设项目的目的是什么？
5. 生产建设项目水土保持工程措施有哪几类？
6. 水土流失防治评价的内容有哪些？
7. 生产建设项目水土流失防治基本规定有哪些？

第二章　水土保持相关法规及技术标准

第一节　水土保持法规体系

水是生命之源，土是生存之本，水土资源是我们赖以生存和发展的基本物质条件，是经济社会发展的基础资源。近40年来，我国的水土保持相关法规体系不断完善，为水土保持事业的发展起到了保驾护航的重要作用。了解和掌握水土保持方面的法律法规，是对水土保持从业人员的基本要求，也为更好地开展水土保持监理工作打下法制基础。

一、相关法律

2000年颁布实施、2015年修改的《中华人民共和国立法法》（简称《立法法》），使我国的法律、行政法规、地方性法规、自治条例和单行条例，以及国务院部门规章和地方政府规章的制定、修改和废止逐级规范化、标准化和法治化。《立法法》规定，全国人民代表大会和全国人民代表大会常务委员会行使国家立法权，即法律只能由全国人民代表大会和全国人民代表大会常务委员会进行制定、修改，并拥有解释权。无论是全国人民代表大会还是全国人民代表大会常务委员会通过的法律，均由国家主席签署主席令予以发布。

与水土保持监理工作有关的法律主要有《中华人民共和国水法》《中华人民共和国长江保护法》《中华人民共和国黄河保护法》《水土保持法》《中华人民共和国防洪法》《中华人民共和国森林法》《中华人民共和国草原法》《中华人民共和国防沙治沙法》《中华人民共和国环境影响评价法》《中华人民共和国招标投标法》《中华人民共和国行政许可法》《中华人民共和国安全生产法》等。其中《水土保持法》于1991年6月29日第七届全国人民代表大会常务委员会第二十次会议通过，2010年12月25日第十一届全国人民代表大会常务委员会第十八次会议修订，2010年12月25日中华人民共和国主席令第三十九号公布，自2011年3月1日起施行。

二、相关行政法规及地方性法规

《立法法》规定，行政法规是由国务院根据宪法和法律进行制定、修改，并由总理签署国务院令进行公布。省、自治区、直辖市以及设区的市（包括自治州）的人民代表大会及其常务委员会根据本行政区域的具体情况和实际需要，在不同宪法、法律、行政法规等上位法相抵触的前提下，可以制定地方性法规。民族自治地方的人民代表大会有权依照当地民族的政治、经济和文化的特点，制定自治条例和单行条例。

与水土保持监理工作有关的行政法规主要有《中华人民共和国水土保持法实施条例》（简称《水土保持法实施条例》）、《建设工程质量管理条例》、《建设工程安全生产管理条例》、《建设项目环境保护管理条例》、《生产安全事故报告和调查处理条例》等。

与水土保持监理工作有关的地方性法规，全国范围内各地因水土保持工作特点和重点不同，而有从不同角度侧重制定和颁布的法规，比如：2012年9月四川省第十一届人民代表大会常务委员会第三十二次会议修订的《四川省〈中华人民共和国水土保持法〉实施办法》，2014年5月福建省第十二届人民代表大会常务委员会第九次会议审议通过的《福建省水土保持条例》，2014年7月云南省第十二届人民代表大会常务委员会第十次会议审议通过的《云南省水土保持条例》，2015年5月北京市第十四届人民代表大会常务委员会第十九次会议审议通过的《北京市水土保持条例》，2017年6月江苏省第十二届人民代表大会常务委员会第三十次会议修正的《江苏省水土保持条例》，2020年11月浙江省第十三届人民代表大会常务委员会第二十五次会议修正的《浙江省水土保持条例》等，各地针对如何在本行政区域内实施好《水土保持法》，在水土流失重点预防区和重点治理区，营造植物保护带的范围，禁止取土、挖砂、采石的具体范围，水土流失分类治理区域和治理措施，水土流失调查和监测结果公告等方面进行了细化规定。

三、相关规章及规范性文件

1. 部门规章

《立法法》规定，国务院各部、委员会、中国人民银行、审计署和具有行政管理职能的直属机构，可以根据法律和国务院的行政法规、决定、命令，在本部门的权限范围内制定规章，这就是部门规章。部门规章规定的事项应当属于执行法律或者国务院的行政法规、决定、命令的事项。部门规章应当经部务会议或者委员会会议决定，由部门首长签署命令予以公布。水利部的部门规章是经部务会审议通过，并经部长签发以部令形式发布实施的。与水土保持监理工作有关的水利部部门规章主要有：

《水利工程质量管理规定》（1997年12月21日水利部令第7号发布，2017年12月22日水利部令第49号修改）；

《水利工程质量监督管理规定》（水利部水建〔1997〕339号）；

《水利工程建设程序管理暂行规定》（水利部水建〔1998〕16号发布，2014年8月19日水利部令第46号修改，2016年8月1日水利部令第48号第二次修改，2017年12月22日水利部令第49号第三次修改）；

《水利工程建设项目管理规定（试行）》（水利部水建〔1995〕128号发布，2014年8月19日水利部令第46号第一次修改，2016年8月1日水利部令第48号第二次修改）；

《水利工程质量事故处理暂行规定》（1999年3月4日水利部令第9号发布）；

《水土保持生态环境监测网络管理办法》（2000年1月31日水利部令第12号发布，2014年8月19日水利部令第46号修正）；

《水利工程建设安全生产管理规定》（2005年7月22日水利部令第26号发布，2014年8月19日水利部令第46号第一次修改，2017年12月22日水利部令第49号第二次修改，2019年5月10日水利部令第50号第三次修改）；

《水利工程建设监理规定》（2006年12月18日水利部令第28号发布，2017年12月

22 日水利部令第 49 号修改）；

《水利工程建设监理单位资质管理办法》（2016 年 12 月 18 日水利部令第 29 号发布，2010 年 5 月 14 日水利部令第 40 号第一次修正，2015 年 12 月 16 日水利部令第 47 号第二次修正，2017 年 12 月 22 日水利部令第 49 号第三次修正，2019 年 5 月 10 日水利部令第 50 号第四次修正）；

《水利工程建设项目验收管理规定》（2006 年 12 月 18 日水利部令第 30 号发布，2014 年 8 月 19 日水利部令第 46 号修改，2016 年 8 月 1 日水利部令第 48 号修改，2017 年 12 月 22 日水利部令第 49 号修改）；

《水利工程质量检测管理规定》（2008 年 11 月 3 日水利部令第 36 号发布）等。

2. 地方政府规章

《立法法》规定，省、自治区、直辖市和设区的市、自治州的人民政府，可以根据法律、行政法规和本省、自治区、直辖市的地方性法规制定规章，这就是地方政府规章。地方政府规章应当经政府常务会议或者全体会议决定，由省长、自治区主席、市长或者自治州州长签署命令予以公布。与水土保持监理工作有关的地方政府规章有：经 2015 年 2 月 25 日贵州省人民政府第 51 次常务会议通过，2015 年 3 月 13 日贵州省人民政府令第 163 号公布的《贵州省水土保持补偿费征收管理办法》；经 2015 年 11 月 13 日江苏省南京市政府第 76 次常务会议审议通过，2015 年 11 月 17 日南京市市长签发政府令第 313 号予以发布的《南京市水土保持办法》；经 2017 年 11 月 2 日辽阳市第十五届人民政府第 63 次常务会议讨论通过，2017 年 11 月 13 日市长签发政府令第 143 号予以公布的《辽阳市水土保持管理办法》；2020 年 4 月 10 日经西安市市长签发人民政府令第 143 号，公布的《西安市实施〈中华人民共和国水土保持法〉办法》；等等。

3. 规范性文件

规范性文件属于法律范畴以外的其他具有约束力的非立法性文件，是指除政府规章外，行政机关及法律、法规授权的具有管理公共事务职能的组织（如各行业的国家或地方主管部门），在法定职权范围内依照法定程序制定并公开发布的针对不特定的多数人和特定事项，涉及或者影响公民、法人或者其他组织权利义务，在本行政区域或其管理范围内具有普遍约束力，在一定时间内相对稳定、能够反复适用的行政措施、决定、命令等行政规范文件的总称。通俗理解：规范性文件就是由行政机关发布的对某一领域范围内具有普遍约束力的准立法行为。水利部规范性文件的废止、失效和修改以水利部公告的形式进行发布。

与水土保持监理工作有关的水利部规范性文件主要规定了开展水土保持监理的项目范围、水土保持项目建设管理、水土保持监测和验收、水土保持行业监督管理等，如《水利部关于进一步深化“放管服”改革全面加强水土保持监管的意见》（水保〔2019〕160 号）规定，凡主体工程开展监理工作的项目，应当按照水土保持监理标准和规范开展水土保持工程施工监理。其中，征占地面积在 $20hm^2$ 以上或者挖填土石方总量在 20 万 m^3 以上的项目，应当配备具有水土保持专业监理资格的工程师；征占地面积在 $200hm^2$ 以上或者挖填土石方总量在 200 万 m^3 以上的项目，应当由具有水土保持工程施工监理专业资质的单位承担监理业务。其他与水土保持监理工作相关的规范性文件主要有：

《水利部关于印发〈黄土高原地区水土保持淤地坝工程建设管理办法〉的通知》（水保〔2013〕444号）；

《水利部关于贯彻落实〈全国水土保持规划（2015—2030年）〉的意见》（水保〔2016〕37号）；

《水利部关于印发中央财政水利发展资金水土保持工程建设管理办法的通知》（水保〔2019〕60号）替代《水利部关于印发国家水土保持重点建设工程管理办法的通知》（水保〔2013〕442号）；

《水利部关于印发推动黄河流域水土保持高质量发展的指导意见》（水保〔2021〕278号）；

《水利部办公厅关于进一步优化开发区内生产建设项目水土保持管理工作的意见》（办水保〔2020〕235号）；

《水利部办公厅关于做好生产建设项目水土保持承诺制管理的通知》（办水保〔2020〕160号）；

《水利部办公厅关于加强水利建设项目水土保持工作的通知》（办水保〔2021〕143号）；

《水土保持补偿费征收使用管理办法》（财综〔2014〕8号）；

《关于修改〈中央财政小型农田水利设施建设和国家水土保持重点建设工程补助专项资金管理办法〉有关条文的通知》（财农〔2012〕54号）；

《水利部关于加强水土保持工程验收管理的指导意见》（水保〔2016〕245号）；

《水利部关于下放部分生产建设项目水土保持方案审批和水土保持设施验收审批权限的通知》（水保〔2016〕310号）；

《水利部关于加强事中事后监管规范生产建设项目水土保持设施自主验收的通知》（水保〔2017〕365号）；

《水利部办公厅关于印发水土保持工程监督检查办法（试行）的通知》（办水保〔2019〕166号）；

《水利部办公厅关于印发生产建设项目水土保持监督管理办法的通知》（办水保〔2019〕172号）；

《水利部办公厅关于印发〈水利部流域管理机构生产建设项目水土保持监督检查办法（试行）〉的通知》（办水保〔2015〕132号）；

《水利部办公厅关于进一步加强流域机构水土保持监督检查工作的通知》（办水保〔2016〕211号）；

《水利部办公厅关于印发〈水利部生产建设项目水土保持方案变更管理规定（试行）〉的通知》（办水保〔2016〕65号）；

《水利部关于加强水土保持监测工作的通知》（水保〔2017〕36号）；

《水利部办公厅关于进一步加强生产建设项目水土保持监测工作的通知》（办水保〔2020〕161号）；

《水利部办公厅关于印发〈生产建设项目水土保持信息化监管技术规定（试行）〉的

通知》（办水保〔2018〕17号）；

《水利部办公厅关于推进水土保持监管信息化应用工作的通知》（办水保〔2019〕198号）；

《水利部办公厅关于印发国家水土保持示范创建管理办法的通知》（办水保〔2021〕171号）。

第二节 《水土保持法》及《水土保持法实施条例》解读

一、水土保持法

《水土保持法》是我国在预防和治理水土流失活动中所应遵循的法律规范，是建立良好生态环境的重要政策保障。许多国家多通过立法手段来保证和促进水土保持工作，如美国于1935年制定了水土保持法。我国于1957年发布了《中华人民共和国水土保持暂行纲要》，1982年发布了《水土保持工作条例》，这些文件对我国水土保持工作发挥了一定作用，直到1991年6月29日第七届全国人民代表大会常务委员会第二十次会议审议通过的《水土保持法》，使我国水土保持工作有了正式的法律保障，以法律的形式将水土保持规划、水土流失预防和治理、水土保持监测和监督以及相关法律责任等进行了明确，标志着我国的水土保持工作步入了法治化轨道。该部法律在其实施后的20年期间，对我国预防和治理水土流失，保护和利用水土资源，改善农业生产条件和生态环境，促进我国经济社会可持续发展发挥了重要作用。

近年来，全面建设小康社会和新时代生态文明建设等重大战略的实施，加快了生态文明体制的改革。2010年12月25日第十一届全国人民代表大会常务委员会第十八次会议审议修订了原《水土保持法》，2010年12月25日中华人民共和国主席令第三十九号公布，修订后的《水土保持法》自2011年3月1日起施行。修订后的新《水土保持法》内容更加丰富，注重以新的发展理念为指导，充分体现了人与自然和谐共生的思想，贴近党和国家近年来关于生态文明建设的大政方针，强化了政府的水土保持责任，提高了水土保持规划的法律地位，突出了预防为主、保护优先的水土保持工作方针，强化了生产建设项目的水土保持方案制度，完善了水土保持投入保障机制，优化了水土保持的技术路线，加强了水土保持的监测和监督管理，并增强了法律责任的操作性和处罚力度。

（一）立法目的、水土保持工作方针、责任主体及水土保持管理体制

《水土保持法》在总则中明确规定立法是为了预防和治理水土流失，保护和合理利用水土资源，减轻水、旱、风沙灾害，改善生态环境，保障经济社会可持续发展。水土保持工作方针是“预防为主、保护优先、全面规划、综合治理、因地制宜、突出重点、科学管理、注重效益”。

水土保持工作政府责任主体是县级以上人民政府，并明确将水土保持工作纳入本级国民经济和社会发展规划，对水土保持规划确定的任务，安排专项资金，并组织实施。同时，为强化政府水土保持职责，明确了目标责任制和考核奖惩制度，规定了国家在水土流失重点预防区和重点治理区，实行地方各级人民政府水土保持目标责任制和考核奖惩制度，比如安徽省、四川省人民政府分别于2017年和2018年将各市（州）人民政府水土保持工作纳入了地方政府目标考核，考核结果经省政府审定后，交由干部主管部门和纪检监察机关，作为对各市（州）政府领导干部综合考核评价及实行问责的重要参考，考核结果优秀的地方在相关项目和资金安排上予以优先考虑。

针对生态脆弱区域保护和治理方面，《中华人民共和国黄河保护法》第三十三条第一、二款规定：国务院水行政主管部门应当会同国务院有关部门加强黄河流域砒砂岩区、多沙粗沙区、水蚀风蚀交错区和沙漠入河区等生态脆弱区域保护和治理，开展土壤侵蚀和水土流失状况评估，实施重点防治工程。黄河流域县级以上地方人民政府应当组织推进小流域综合治理、坡耕地综合整治、黄土高原塬面治理保护、适地植被建设等水土保持重点工程，采取塬面沟头、沟坡、沟道防护等措施，加强多沙粗沙区治理，开展生态清洁流域建设。

关于水土保持管理体制，《水土保持法》规定，国务院水行政主管部门主管全国的水土保持工作。国务院水行政主管部门在国家确定的重要江河、湖泊设立的流域管理机构（以下简称流域管理机构），在所管辖范围内依法承担水土保持监督管理职责。县级以上地方人民政府水行政主管部门主管本行政区域的水土保持工作。县级以上人民政府、林业、农业、国土资源等有关部门按照各自职责做好有关的水土流失预防和治理工作。这反映出水土流失防治工作是一项综合性工作，虽然由水行政主管部门主管水土保持工作，但需要林业主管部门做好植树造林和防沙治沙工作，农业主管部门做好农耕地和草原等水土保持措施，国土资源主管部门做好滑坡、泥石流等地质灾害防治工作，并做好矿产资源开发过程中的水土保持工作，其他交通、能源等部门也应做好本行业生产建设项目的水土流失防治工作。因此，各地均成立了人民政府水土保持办公室，设在本级水行政主管部门，组织协调各相关行业部门，履行政府的水土保持工作职能，也有水土流失预防和治理任务较重的地市、区县单独设立了负责水土保持工作的机构，直属于当地人民政府管辖。

（二）水土保持规划

水土保持规划是国民经济和社会发展规划体系中的重要组成部分，是依法加强水土保持管理的重要依据，是指导水土保持工作的纲领性文件。《中华人民共和国水法》（1988年通过，2002年修订，2009年、2016年二次修正）中明确规定水土保持规划为流域和区域综合规划下的专业规划之一，其编制和批准依照水土保持法的有关规定执行。《水土保持法》明确规定了编制水土保持规划的依据和原则；规定县级以上人民政府应当依据水土流失调查结果划定并公告水土流失重点预防区和重点治理区；基于水土流失调查及结果公告的对水土流失重点预防区和治理区的划定，水土保持规划的内容（应当包括水土流失状况、水土流失类型区划分、水土流失防治目标、任务和措施等）以及规划的编制、批准和修改程序；同时规定了基础设施建设、矿产资源开发、城镇建设、公共服务设施建设等规划中的水土流失防治对策和措施。

（三）水土保持预防与治理

预防和治理水土流失是基于我国水土流失十分严重的现实国情提出的。水土流失既是资源问题，又是环境问题，既是土地退化和生态恶化的主要形式，也是土地退化和生态恶化程度的集中反映，对经济社会发展的影响是多方面的、全局性的和深远的，甚至是不可逆的。加快水土流失防治进程，维护和改善生态环境，是当前我国生态环境建设的一项重要而紧迫的战略任务。

《水土保持法》进一步强化了水土保持工作方针中的“预防为主、保护优先”，主要包括各级地方政府预防水土流失的职责，水土流失严重和生态脆弱地区等特殊区域的禁止和限制性规定，生产建设项目水土保持相关工作等，对以下方面的内容做了明确规定：加强水土保持重点工程的生态建设，预防和治理水土流失，取土、挖砂、采石等活动的管理及崩塌、滑坡危险区、泥石流易发区的划定，对水土流失严重地区植被及植物保护带的保护，水土保持设施的管理与维护责任，25°坡度以上陡坡地禁垦、禁垦范围及有关水土保持措施，禁止毁林、毁草开垦和采集发菜等行为，采伐林木的水土保持措施，在5°坡度以上坡地上植树造林及开垦种植农作物的水土保持措施，生产建设项目选线、选址和水土保持方案制度，生产建设项目水土保持“三同时”制度及水土保持设施的验收，生产建设活动弃渣的利用与存放，水土保持方案实施情况的跟踪检查等方面的内容。

针对生产建设项目的水土流失治理，《中华人民共和国防洪法》（1997 年 8 月 29 日中华人民共和国主席令第 88 号公布，2009 年第一次修正，2015 年第二次修正，2016 年第三次修正）第十八条第二款规定：防治江河洪水，应当保护、扩大流域林草植被，涵养水源，加强流域水土保持综合治理。《中华人民共和国长江保护法》（2020 年 12 月 26 日第十三届全国人民代表大会常务委员会第二十四次会议通过）第六十一条第二款规定：禁止在长江流域水土流失严重、生态脆弱的区域开展可能造成水土流失的生产建设活动。《水土保持法》主要对以下方面做了规定：国家水土保持重点工程建设及运行管护；水土保持生态效益补偿制度；生产建设活动的水土流失治理义务及水土保持补偿费的收取、使用和管理；鼓励社会公众参与治理和相应防治责任；水土保持技术路线；水力、风力、重力侵蚀地区，饮用水源保护区，坡耕地和生产建设活动区的水土流失治理措施体系，等等。

（四）水土保持的监测和监督

《中华人民共和国黄河保护法》（2022 年 10 月 30 日第十三届全国人民代表大会常务委员会第三十七次会议通过）第十二条第一款规定：黄河流域统筹协调机制统筹协调国务院有关部门和黄河流域省级人民政府，在已经建立的台站和监测项目基础上，健全黄河流域生态环境、自然资源、水文、泥沙、荒漠化和沙化、水土保持、自然灾害、气象等监测网络体系。《水土保持法》对监测和监督主要规定了以下方面的内容：水土保持监测工作经费、监测网络建设要求，大中型生产建设项目的水土保持监测工作，水土流失监测的公告，县级以上水行政主管部门及流域管理机构的水土保持监督检查职责和相应措施，监督检查执法行为，不同行政区域之间的水土流失纠纷解决程序，等等。

（五）水土保持的法律责任

《水土保持法》的法律责任主要规定了监督管理部门不依法履行职责的法律责任，违法取土、挖砂、采石的法律责任，在禁止开垦陡坡地种植农作物或开垦植物保护带的法律责任，毁林、毁草开垦的法律责任，违法采集发菜、铲草皮、挖树蔸、滥挖虫草、麻黄的法律责任，采伐林木不依法采取水土保持措施的法律责任，未依法编制、审批、修改水土保持方案及违法开工建设的法律责任，水土保持设施未经验收或验收不合格将开放建设项目投产使用的法律责任，在专门存放地以外区域倾倒废弃物的法律责任，生产建设活动造成水土流失且不进行治理的法律责任，拒不缴纳水土保持补偿费的法律责任，违反本法规定的民事责任、行政责任和刑事责任等内容。

二、水土保持法实施条例

《水土保持法实施条例》按照《立法法》的规定，属于国务院颁发的行政法规，是根据《水土保持法》的规定，对其进行细化和进一步明确，以完善水土保持工作在法规层面的制度规定。

《水土保持法实施条例》最早是依据1991年发布的《水土保持法》制定的，1993年8月1日中华人民共和国国务院令第120号发布；2010年12月29日国务院第138次常务会议按照修订后的《水土保持法》对《水土保持法实施条例》进行了修改审议，2011年1月8日中华人民共和国国务院令第588号公布，自公布之日起施行。

（一）水土流失防治目标责任制、资金保障及宣传教育

《水土保持法实施条例》强化了政府责任，明确提出实行水土流失防治目标责任制。在细化管理体制方面，明确提出设立水土保持机构以行使《水土保持法》和《水土保持法实施条例》规定的水行政主管部门对水土保持工作的职权；在资金安排上，明确规定可以安排水土流失地区的部分扶贫资金、以工代赈资金和农业发展基金等资金，用于水土保持；在宣传教育的规定方面，明确规定可根据需要设置水土保持中等专业学校或者在有关院校开设水土保持专业，中小学的有关课程应当包含水土保持方面的内容。

（二）预防和治理

《水土保持法实施条例》细化明确了对取土、挖砂、采石等活动的管理规定；明确了在生态脆弱的草原地区应推行舍饲，改变野外放牧的习惯；明确规定《水土保持法》施行前已在禁止开垦的陡坡地上开垦种植农作物的需逐步退耕、植树种草、修成梯田或采取其他水土保持措施；明确规定了开垦荒地必须同时提出防治水土流失的措施并报批；细化明确了《水土保持法》中林木采伐时防治水土流失措施审批的规定；生产建设项目的水土保持方案审查提出必须先经水行政主管部门审查同意；依法开办乡镇集体矿山企业和个体申请采矿，必须填写“水土保持方案报告表”，经县级以上地方人民政府水行政主管部门批准后，方可申请办理采矿批准手续；明确了水土保持设施竣工验收，应当有水行政主管部门参加并签署意见。另外，还规定《水土保持法》施行前已建或者在建并造成水土流失的生产建设项目，生产建设单位必须向县级以上地方人民政府水行政主管部门提出水土流失防治措施。

《水土保持法实施条例》主要补充细化了《水土保持法》中关于水土流失治理方面的规定，主要内容包括：在禁止开垦坡度以下的坡耕地，集体经济组织及农民在政府的组织下按照水土保持规划治理水土流失；应当将治理水土流失的责任列入水土流失地区的集体所有土地个人承包的承包合同中；荒山、荒沟、荒丘、荒滩的水土流失，可承包治理（承

包合同可有条件转让），也可入股治理；企业事业单位在建设和生产过程中造成水土流失的，应当负责治理，因技术等原因无力自行治理的，可以缴纳防治费；对育林基金的提取和使用也做了明确规定；建成的水土保持设施和种植的林草应检查验收，合格的应建档、设立标志，并落实管护责任；另外，明确规定任何单位和个人不得破坏或者侵占水土保持设施，企业事业单位在建设和生产过程中损坏水土保持设施的应当给予补偿。

（三）监督

《水土保持法实施条例》补充和进一步明确了水土保持监测和监督检查方面的规定，主要内容包括：明确规定了水土保持监测网络是指全国水土保持监测中心，大江大河流域水土保持中心站，省、自治区、直辖市水土保持监测站，以及省、自治区、直辖市重点防治区水土保持监测分站；进一步明确了水土保持监测情况定期公告的内容；明确规定了水土保持监督检查执法时应当持有县级以上人民政府颁发的水土保持监督检查证件。

（四）法律责任

《水土保持法实施条例》的法律责任主要内容包括：针对《水土保持法》法律责任的处罚，进一步细化明确了对各类违法行为的罚款幅度，使其更具操作性；明确规定了请求水行政主管部门处理赔偿责任和赔偿金额纠纷的申请报告应包含的主要内容；对于不可抗拒的自然灾害造成水土流失的免责认定进行了规定。

第三节　主要技术标准

技术标准是指重复性的技术事项在一定范围内的统一规定。技术标准按照技术类别分类，包括基础技术标准、产品标准、工艺标准、检测试验方法标准及安全、卫生、环保标准等；技术标准按照标准发布主体分类，包括国际标准、国家标准、行业标准、地方标准、企业标准以及团体标准；技术标准按照标准效力分类，包括强制性标准和推荐性标准。

在当今知识经济时代，纵观全世界，技术标准竞争越来越激烈。标准具有不可否认的权威性，技术标准的应用引领和促进了行业的发展，因此，无论是政府部门还是行业团队或是行业从业者，都非常重视对技术标准的制定，这反过来也促进了标准的发展。改革开放以来，我国技术标准发展迅猛，在水土保持方面，无论是国家标准还是行业标准都有了长足的发展。

一、水土保持相关的国家和行业标准

目前我国水土保持相关的技术标准以国家标准和行业标准为主，包括了水土保持生态建设和生产建设项目两大类。按照技术类别，包含了水土保持工程勘测设计和质量管理、水土保持监理、水土流失防治、水土保持监测评价、水土保持信息化建设、水土保持试验等。

水土保持监理是对水土保持工程实施施工监理。作为一名合格的水土保持监理工程

师，不仅要全面掌握与监理工作有直接关系的技术标准，还应熟悉其他与水土保持相关的技术标准。

与水土保持监理工作有关的主要技术标准如下。

(1)《生产建设项目水土保持技术标准》(GB 50433—2018)。

(2)《水土保持工程设计规范》(GB 51018—2014)。

(3)《水土保持综合治理验收规范》(GB/T 15773—2008)。

(4)《水土保持综合治理技术规范》(GB/T 16453.1～6—2008)。

(5)《生产建设项目水土保持设施验收技术规程》(GB/T 22490—2016)。

(6)《生产建设项目水土流失防治标准》(GB/T 50434—2018)。

(7)《生产建设项目水土保持监测与评价标准》(GB/T 51240—2018)。

(8)《水土保持工程调查与勘测标准》(GB/T 51297—2018)。

(9)《水利水电工程施工质量检验与评定规程》(SL 176—2007)。

(10)《水土保持监测技术规程》(SL 277—2002)。

(11)《水利工程施工监理规范》(SL 288—2014)。

(12)《水土保持工程质量评定规程》(SL 336—2006)。

(13)《水土保持信息管理技术规程》(SL/T 341—2021)。

(14)《水土保持监测设施通用技术条件》(SL 342—2006)。

(15)《水土保持试验规程》(SL 419—2007)。

(16)《黑土区水土流失综合防治技术标准》(SL 446—2009)。

(17)《岩溶地区水土流失综合治理技术标准》(SL 461—2009)。

(18)《水土保持工程施工监理规范》(SL 523—2011)。

(19)《水利水电工程水土保持技术规范》(SL 575—2012)。

(20)《水土保持遥感监测技术规范》(SL 592—2012)。

(21)《水利水电工程单元工程施工质量验收评定标准——土石方工程》(SL 631—2012)。

(22)《水利水电工程单元工程施工质量验收评定标准——混凝土工程》(SL 632—2012)。

(23)《水利水电工程单元工程施工质量验收评定标准——地基处理与基础工程》(SL 633—2012)。

(24)《输变电项目水土保持技术规范》(SL 640—2013)。

(25)《南方红壤丘陵区水土流失综合治理技术标准》(SL 657—2014)。

(26)《北方土石山区水土流失综合治理技术标准》(SL 665—2014)。

(27)《水土流失危险程度分级标准》(SL 718—2015)。

(28)《水利水电工程施工安全管理导则》(SL 721—2015)。

(29)《淤地坝技术规范》(SL/T 804—2020)。

二、水土保持相关的强制性条文

(一) 强制性条文的形成及演变

强制性条文是各类工程建设（包括水利、交通、房屋建筑等行业）贯彻落实国务院颁发的行政法规《建设工程质量管理条例》的重要措施。它不仅是工程建设应严格执行的强制性技术规定，也是参与工程建设各方必须执行的强制性技术要求，还是政府对工程建设强制性标准实施监督管理的技术依据。《水利工程建设标准强制性条文》自 2000 年开始实施以来已历经 5 次修订，其修订内容一直围绕着建设标准中直接涉及人的生命财产安全、人身健康、工程安全、环境保护、能源和资源节约及其他公众利益且必须执行的技术条款。自 2015 年以来，强制性条文的宣贯实施也列入了每年水利部对全国各地开展水利建设质量考核工作的考核指标中。

水利部制定的《水利工程建设标准强制性条文管理办法（试行）》（以下简称《管理办法》）于 2012 年 12 月 16 日以水国科〔2012〕546 号文件印发实施。《管理办法》规定，水利工程建设项目管理、勘测、设计、施工、监理、检测、运行以及质量监督等工作必须执行强制性条文。在强制性条文实施方面，《管理办法》明确要求强制性条文实施应与管理体系工作相结合，勘测设计单位不得批准不符合强制性条文的勘测、设计成果，建设单位对于工程建设中拟采用的新技术、新工艺、新材料、新装备应按程序履行审批手续，并规定工程建设项目的强制性条文执行情况是验收资料的组成部分。在强制性条文的监督检查方面，《管理办法》规定了各水行政主管部门特别是设计质量监督或设计文件审查机构、安全监督机构、稽查机构在强制性条文监督检查方面的职责，明确了监督检查形式、监督检查内容、监督检查报告等内容，并要求水利工程重大质量与安全事故报告应包括强制性条文执行情况的内容。为强化监督检查，《管理办法》要求实施监督检查的部门应督促被检查单位对涉及强制性条文的问题及时进行整改。

（二）纳入强制性条文的水土保持相关的技术标准

《水利工程建设标准强制性条文》自 2000 年实施以来，先后历经了 2000 年版、2004 年版、2010 年版、2016 年版和 2020 年版。在最新的 2020 年版中，纳入强制性条文的与水土保持直接相关的技术标准共 5 本、技术条款共 16 条，包括《生产建设项目水土保持技术标准》(GB 50433—2018) 中的 2 条，《水利水电工程水土保持技术规范》(SL 575—2012) 中的 7 条，《水土保持工程设计规范》(GB 51018—2014) 中的 2 条，《水土保持治沟骨干工程技术规范》(SL 289—2018) 中的 2 条和《水坠坝技术规范》(SL 302—2019) 中的 3 条技术规定［《淤地坝技术规范》(SL/T 804—2020) 于 2020 年 11 月 30 日发布，已代替该两项技术标准］，涉及水土流失防治措施、淤地坝建设、取土（石、料）场选址、弃土（石、渣）场选址以及具体施工技术等方面的规定。另外，强制性条文的施工、劳动安全与卫生、质量检查与验收等篇章的条文也与水土保持有着密切的关联，在从事水土保持监理工作时应熟练掌握。

在取土（石、料）场和弃土（石、渣）场的选址方面，2020 年版强制性条文明确规定，严禁在崩塌和滑坡危险区、泥石流易发区内设置取土（石、砂）场。严禁在对公共设施、基础设施、工业企业、居民点等有重大影响的区域设置弃土（石、渣、灰、矸石、尾矿）场。弃渣场的选址，在山丘区宜选择荒沟、凹地、支毛沟，平原区宜选择凹地、荒地，风沙区应避开风口和易产生风蚀的地方。弃渣场不应影响河流、沟谷的行洪安全，不得在河道、湖泊管理范围内设置弃土（石、渣）场，涉及河道的，应符合治导规划及防洪行洪的规定，不宜布设在流量较大的沟道，否则应进行防洪论证。弃渣不应影响水库大坝、水利工程取用水建筑物、泄水建筑物、灌（排）干渠（沟）的功能，不应影响工矿企业、居民区、交通干线或其他重要基础设施的安全。弃渣场抗滑稳定计算应分为正常运用工况（弃渣场在正常和持久的条件下运用，弃渣场处在最终弃渣状态时，渣体无渗流或稳定渗流）和非常运用工况［弃渣场在正常工况下遭遇Ⅶ度以上（含Ⅶ度）地震］。对于高山峡谷等施工布置困难区域的水库枢纽工程，经技术经济论证后可在库区内设置弃渣场，但应不影响水库设计使用功能，施工期间库区弃渣场应采取必要的拦挡、排水等措施，确保施工导流期间不影响河道行洪安全。

在淤地坝建设方面，2020 年版强制性条文明确规定，坝基开挖和清理时，应清除坝基范围内的草皮、树根、含有植物的表土、乱石以及各种建筑物，将其运到指定地点堆放，并采取防护措施。坝体填筑应在坝基处理及隐蔽工程验收合格后方可进行。坝体在汛前必须达到 20 年一遇洪水重现期防洪度汛高程，否则应采取抢修度汛小断面等措施。水坠坝为非均质坝时，应采用全河床的全断面冲填，不应采用先填一岸的分段冲填方式。骨干坝在设计水位情况下，必须确保安全运用；对超标准洪水应制定安全运用对策，保护工程安全，将损失降到最低程度；当建筑物出现严重险情或设备发生故障时，必须尽快泄空库内蓄水，进行检查抢修。对病险坝库必须空库运用。淤地坝放水建筑物应满足 7 天放完库内滞留洪水的要求。

在水利水电工程水土流失防治方面，2020 年版强制性条文明确规定，应控制和减少对原地貌、地表植被、水系的扰动和损毁，减少占用水土资源，注重提高资源利用效率。对于原地表植被、表土有特殊保护要求的区域，应结合项目区实际剥离表层土、移植植物以备后期恢复利用，并根据需要采取相应防护措施。主体工程开挖土石方应优先考虑综合利用，减少借方和弃渣。弃渣应设置专门场地予以堆放和处置，并采取挡护措施。在符合功能要求且不影响工程安全的前提下，水利水电工程边坡防护应采用生态型防护措施；具备条件的砌石、混凝土等护坡及稳定岩质边坡，应采取覆绿或恢复植被措施。水利水电工程有关植物措施设计应纳入水土保持设计。弃渣场防护措施设计应在保证渣体稳定的基础上进行。

在生产建设项目的工程施工方面，2020 年版强制性条文明确规定：施工道路、伴行道路、检修道路等应控制在规定范围内减小施工扰动范围，采取拦挡、排水等措施，必要时可设置桥隧；临时道路在施工结束后应进行迹地恢复。主体工程动工前，应剥离熟土层并集中堆放，施工结束后作为复耕地、林草地的覆土；减少地表裸露的时间，遇暴雨或大风天气应加强临时防护；雨季填筑土方时应随挖、随运、随填、随压，避免产生水土流失；临时堆土（石、渣）及料场加工的成品料应集中堆放，设置沉沙、拦挡等措施；开挖土石和取料场地应先设置截排水、沉沙、拦挡等措施后再开挖；不得在指定取土（石、料）场以外的地方乱挖。土（砂、石、渣）料在运输过程中应采取保护措施，防止沿途散溢，造成水土流失；风沙区、高原荒漠等生态脆弱区及草原区应划定施工作业带，严禁越界施工。

在特殊区域的评价方面，2020 年版强制性条文明确规定，国家和省级重要水源地保护区、国家级和省级水土流失重点预防区、重要生态功能（水源涵养、生物多样性保护、防风固沙）区，应以最大限度减少地面扰动和植被破坏、维护水土保持主导功能为准则，重点分析因工程建设造成植被不可逆性破坏和产生严重水土流失危害的区域，提出水土保持制约性要求及对主体工程布置的修改意见。涉及国家级和省级的自然保护区、风景名胜区、地质公园、文化遗产保护区、文物保护区的，应结合环境保护专业分析评价结论按前款规定进行评价，并以最大限度保护生态环境和原地貌为准则。泥石流和滑坡易发区，应在必要的调查基础上，对泥石流和滑坡潜在危害进行分析评价，并将其作为弃渣场、料场选址评价的重要依据。对于生态脆弱区高山峡谷地带的水库枢纽工程施工道路布置，应对地表土壤与植被破坏及其修复的可能性进行分析，可能产生较大危害和造成植被不可逆性破坏的，应增加桥隧比例。

思　考　题

1. 与水土保持监理工作有关的法律主要有哪些？
2. 《水土保持法》的立法目的是什么？
3. 水土保持工作方针是什么？
4. 《水土保持法》规定水土流失重点防治区如何划分？
5. 水利水电工程水土流失防治应遵循哪些规定？
6. 弃渣场选址应遵循哪些规定？
7. 《生产建设项目水土保持技术标准》（GB 50433—2018）有哪些强制条款？
8. 我国新修订的《水土保持法》是什么时候施行的？

第三章　水土保持工程监理概论

第一节　水土保持工程监理基本规定

一、水土保持工程监理沿革

实施工程监理制是我国工程建设管理体制改革的一项重要举措。我国从20世纪80年代末开始推行工程监理制。1995年水利部发布《水利工程建设项目管理规定（试行）》（水利部水建〔1995〕128号通知发布），要求水利工程建设全面推行建设监理制。1998年国务院批准的《全国生态环境建设规划》明确规定：生态环境建设工程严格执行国家基本建设程序，按规划立项，按项目进行动态管理，按设计施工，按工程进度安排建设资金，按效益考核。水利部将水土保持生态环境建设纳入基本建设管理程序，积极推行“三制”（即项目法人制、招标投标制和建设监理制）。1999年黄河水利委员会率先在黄河流域水土保持生态建设项目中实施了水土保持工程监理试点，开启了水土保持工程监理的先河。

2003年3月3日，《水利部关于印发〈水土保持生态建设工程监理管理暂行办法〉的通知》（水建管〔2003〕79号）发布，明确规定所有国家水土保持重点工程和外资项目，都应全面实行建设监理制。2006年12月28日水利部发布《水利工程建设监理规定》（水利部令第28号）和《水利工程建设监理单位资质管理办法》（水利部令第29号），明确规定投资超过200万元的水土保持工程须实行水土保持工程建设监理，并持有相应等级的水土保持监理资质。

为加强项目管理工作，规范水利工程建设监理活动，确保工程建设质量，水利部根据《中华人民共和国招标投标法》《建设工程质量管理条例》《建设工程安全生产管理条例》等法律法规，结合水利工程建设实际，制定了《水利工程建设监理规定》，已经2006年11月9日水利部部务会议审议通过，自2007年2月1日起施行。并在2011年12月发布了中华人民共和国水利行业标准《水土保持工程施工监理规范》（SL 523—2011）。

进入21世纪以来，国家高度重视生态环境建设，水土保持工程投资逐年增加。实践证明水土保持工程建设监理工作的开展，对规范水土保持工程建设市场秩序、严格基本建设程序、促进水土保持工程的落实、保证工程建设质量、推进水土保持工程建设健康发展发挥了重要作用。

二、水土保持工程监理实施的范围

《中国水利百科全书》将水利工程定义为对自然界的地表水和地下水进行控制和调配，以达到除害兴利的目的而修建的工程。从服务对象来讲，水利工程也称为水工程，包括防洪工程、农田水利工程（灌排工程）、发电工程、航海及港口工程、城镇供排水工程、环境水利工程、海涂围垦发电工程等。

水利工程建设监理，是指具有相应资质的水利工程建设监理单位，受项目法人（建设单位）委托，按照监理合同对水利工程建设项目实施中的质量、进度、资金、安全生产、环境保护等进行的管理活动，包括水利工程施工监理、水土保持工程施工监理、机电及金属结构设备制造监理、水利工程建设环境保护监理。

水利工程建设项目依法实行建设监理。总投资 200 万元以上且符合下列条件之一的水利工程建设项目，必须实行建设监理：

（1）关系社会公共利益或者公共安全的。

（2）使用国有资金投资或者国家融资的。

（3）使用外国政府或者国际组织贷款、援助资金的。

凡主体工程开展监理工作的项目，应当按照水土保持监理标准和规范开展水土保持工程施工监理。其中，征占地面积在 $20hm^2$ 以上或者挖填土石方总量在 20 万 m^3 以上的项目，应当配备具有水土保持专业监理资格的工程师；征占地面积在 $200hm^2$ 以上或者挖填土石方总量在 200 万 m^3 以上的项目，应当由具有水土保持工程施工监理专业资质的单位承担监理任务。

水利部对全国水利工程建设监理实施统一监督管理。水利部所属流域管理机构（以下简称流域管理机构）和县级以上地方人民政府水行政主管部门对其所管辖的水利工程建设监理实施监督管理。

水土保持工程监理实施的范围主要包括两类：一类是水土保持生态建设工程监理，依据水土保持生态建设工程设计文件，针对水土保持生态建设工程施工而开展的质量控制、进度控制、投资控制、安全与文明施工管理、信息管理、合同管理等的专业化技术服务活动，应由水土保持监理单位承担监理工作。

水土保持生态建设工程监理主要对象包括小流域综合治理、侵蚀沟治理、坡耕地治理、淤地坝工程等项目所涉及的工程、林草、封育、耕作措施，以及相应配套工程。水土保持生态建设工程监理主要内容包括工程质量控制、进度控制、投资控制、安全与文明施工管理控制，以及相应的信息管理、合同管理，协调参建各方的关系。

另一类是生产建设项目水土保持监理，依据有关法律法规、批复的水土保持方案和后续设计文件，针对生产建设项目水土保持措施落实而开展的跟踪指导和全过程监管的专业化技术服务活动，以及根据合同约定开展的水土保持施工监理活动。

生产建设项目水土保持监理工作对象应主要包括批复的水土保持方案及后续设计文件中所确定的水土流失预防、治理、监管等措施。

生产建设项目水土保持监理工作的主要内容包括：准备工作、事前监理、过程监理和验收监理，以及协调参建各方的关系。工作内容应注重与主体工程监理、移民监理、环境监理的协调，该项工作内容应由水土保持监理单位承担。

根据合同约定开展的水土保持施工监理，其农业技术、植物（林草）、工程等措施的施工质量控制、进度控制、投资控制、安全与文明施工管理，以及相应的信息管理、合同管理。相应工作内容和要求应按行业有关工程监理、质量评定等规范并结合《水土保持工程质量评定规程》（SL 336—2006）执行。该项工作内容可根据合同约定由水土保持监理单位或主体工程监理单位承担。

三、水土保持工程施工监理合同

监理委托合同简称为监理合同，是项目法人（建设单位）在选定了工程施工监理单位之后，双方为了更好地履行各自的职责，确保工程按计划实施，而根据国家的有关规定签订的、明确相互权利和义务的协议。监理合同按不同服务阶段可分为设计监理合同、安装监理合同、施工监理合同和环境监理合同等。目前水土保持工程建设中常用的是施工监理合同，称水土保持工程施工监理合同。

监理合同的当事人双方须主体资格合法。即主体应当是具有民事权利能力和民事行为能力、取得法人资格的企事业单位或其他社会组织，个人在法律允许的范围内也可以成为合同当事人。委托人必须是具有国家批准的建设项目，落实投资计划的企事业单位、其他社会组织及个人。作为受托人必须是依法成立的具有法人资格的监理企业，并且所承担的工程监理业务应与企业资质等级和业务范围相符合。

水土保持工程监理没有标准的合同示范文本，可参照使用《水利工程施工监理合同示范文本》（GF—2007—0211）。生产建设项目水土保持工程由于涉及各类行业规范和要求，亦可参照使用该行业的监理合同示范文本，但合同内容尤其是专用合同条款必须符合《中华人民共和国民法典》的相关规定。

水土保持工程建设过程中，监理工作范围和工程施工工期随时都可能发生变化，导致这种变化的因素一般分为不可抗力因素和人为因素。不可抗力因素一般会在合同条款中予以明确。人为因素导致的变化，既可能是工期提前、监理工作范围缩小，也可能是工期延长、监理工作范围增加。如果因为项目法人（建设单位）管理不当、建设资金不到位、当地群众阻碍施工等非监理单位因素导致了施工工期延长，或者项目法人（建设单位）要求监理单位增加工作范围或工作量，而监理合同中又没有明确的，监理单位应及时与项目法人（建设单位）签署补充协议，明确相关工作、服务内容和报酬。

监理单位在监理过程中，可以发挥自身技术优势，针对工程建设管理、设计、施工操作、检验技术等方面，提出合理化建议，在被项目法人（建设单位）采纳并取得较好效益后，如果在合同条款中有明确规定的，监理单位可按照合同约定，获得相应的奖励。但是，如果由于监理单位的原因导致工程项目遭受直接损失，监理单位应按有关规定和监理合同约定承担相应法律责任和经济责任。

在此，将《水利工程施工监理合同示范文本》（GF—2007—0211）做一简述，供签订合同时参考。

本示范文本包括："水利工程施工监理合同书""通用合同条款""专用合同条款"和"附件"部分。"通用合同条款"与"专用合同条款"是一个有机整体，两部分必须共同使用；"通用合同条款"必须全文引用，不得修改；"专用合同条款"是针对具体工程项目特定条件对"通用合同条款"进行的补充和具体说明，应根据工程监理实际情况进行修改和补充；“附件”所列监理服务的工作内容及相关要求是对“专用合同条款”的补充。

“水利工程施工监理合同书”是监理合同的重要组成部分，主要明确合同当事人的名称和住所、工程概况、监理范围、监理服务内容和期限、监理服务酬金、监理合同的组成文件及解释顺序、合同生效、合同书的签字盖章等内容。

需要特别注意的是，合同书里明确规定了监理合同的组成文件及解释顺序为：

(1) 监理合同书（含补充协议）。

(2) 中标通知书。

(3) 投标报价书。

(4) 专用合同条款。

(5) 通用合同条款。

(6) 监理大纲。

(7) 双方确认需进入合同的其他文件。

四、监理服务收费

水土保持施工监理是有偿的技术服务活动，计费应依据所委托的监理业务的范围、工作深度、工程性质、规模、工作条件确定。为规范建设工程监理及相关服务收费行为，维护委托双方合法权益，促进工程监理行业健康发展，国家发展改革委、建设部组织国务院有关部门和有关组织，制定了《建设工程监理与相关服务收费管理规定》，自 2007 年 5 月 1 日起执行。2007 年 5 月 10 日，水利部办公厅以通知的形式（办建管函〔2007〕267 号）转发了《国家发展改革委、建设部关于印发〈建设工程监理与相关服务收费管理规定〉的通知》（发改价格〔2007〕670 号）并贯彻执行。该规定自颁发以来很好地发挥了指导各行业监理服务收费工作的作用，也是从事各行业监理工作的人员最为熟悉的规定。

2015 年 2 月 11 日，为充分发挥市场在资源配置中的决定性作用，《国家发展改革委关于进一步放开建设项目专业服务价格的通知》（发改价格〔2015〕299 号）发布，在已放开非政府投资及非政府委托的建设项目专业服务价格的基础上，全面放开实行政府指导价管理的 5 项建设项目服务价格，包括：政府投资和政府委托的建设项目前期工作咨询、工程勘察设计、招标代理、工程监理、环境影响咨询服务收费，实行市场调节，工程监理服务价格完全由市场竞争形成。文件指出：工程监理费，是指工程监理机构接受委托，提供建设工程施工阶段的质量、进度、费用控制管理和安全生产监督管理、合同、信息等方面协调管理等服务收取的费用。

水土保持工程监理服务属于技术咨询类服务，实行市场调节价后，有利于调动监理单位的创新积极性，增强我国水土保持工程监理服务发展的动力。如何更好地适应工程监理服务价格的市场化改革，通过市场价格来体现监理单位的服务质量、社会信誉度，以及监理服务的价值，保证优质优价，是监理单位需要重点关注的。以违反标准规范规定或合同约定，通过降低服务质量、减少服务内容等手段进行恶性竞争，是严重扰乱正常市场秩序的行为，政府应加强价格行为监管，为保障公平竞争的市场环境提供更好的平台。

在目前的监理招投标工作中，在招标文件中规定监理的投标报价依据是参照发改价格

〔2007〕670号文的收费标准，并按发改价格〔2015〕299号文实行浮动计算。

第二节 水土保持工程监理组织

一、监理单位

水土保持工程监理单位应具有相应资质，并具备相应的水土保持专业技术能力和水平，积极采用先进的项目管理和技术手段，依法独立、诚信、科学、公平、公正地开展监理工作。项目法人（建设单位）应以书面形式与水土保持工程监理单位签订合同，合同中应包括监理工作的范围、内容、服务期限和酬金，以及双方的义务、违约的责任等相关条款。

监理单位必须具有自己的名称、组织机构和场所，有与承担监理业务相适应的经济、法律、技术及管理人员，有完善的组织章程和管理制度，并应具有一定数量的资金和设施。符合条件的单位经工商注册取得营业执照后，按照《水利工程建设监理单位资质管理办法》（2006年水利部令第29号发布，2010年、2015年、2017年、2019年四次修正）申请取得水土保持监理资质等级证书，并在其资质等级许可的范围内承担工程监理业务。水土保持工程监理单位的资质等级反映了该监理单位从事水土保持工程监理业务的资格和能力，是国家对水土保持工程监理市场准入管理的重要手段。

《水利工程建设监理单位资质管理办法》对监理单位的资质等级作了具体规定，监理单位资质分为水利工程施工监理、水土保持工程施工监理、机电及金属结构设备制造监理和水利工程建设环境保护监理四个专业。其中水土保持工程施工监理专业资质分为甲、乙两个等级。

1. 水土保持工程施工监理专业资质范围

根据《国务院关于深化“证照分离”改革进一步激发市场主体发展活力的通知》（国发〔2021〕7号）、《水利工程建设监理规定》（2006年水利部令第28号发布，2017年修正）和《水利工程建设监理单位资质管理办法》，水利部发布《水利部关于开展水利工程建设监理单位资质行政许可有关工作的公告》（水利部公告2021年第9号），取消水利工程建设监理单位丙级资质认定，不再受理丙级资质新申请事项。

水土保持工程施工监理两个专业资质由原来的甲、乙、丙三个等级调整为甲、乙两个等级。乙级资质条件调整为《水利工程建设监理单位资质管理办法》规定的原丙级资质条件；现有的丙级资质并入乙级资质，可以承担《水利工程建设监理单位资质管理办法》规定的乙级资质业务范围，具备甲级资质条件的可申请晋升甲级资质。

甲级可以承担各等级水土保持工程的施工监理业务。

乙级可以承担Ⅱ等及以下各等级水土保持工程的施工监理业务。

同时具备水利工程施工监理专业资质和乙级以上水土保持工程施工监理专业资质的，方可承担淤地坝中的骨干坝施工监理业务。

适用《水利工程建设监理单位资质管理办法》的水土保持工程等级划分标准为：

Ⅰ等：500km^2 及以上的水土保持综合治理项目；总库容 100 万 m^3 及以上、小于 500 万 m^3 的沟道治理工程；征占地面积 500hm^2 及以上的开发建设项目的水土保持工程。

Ⅱ等：150km^2 及以上、小于 500km^2 的水土保持综合治理项目；总库容 50 万 m^3 及以上、小于 100 万 m^3 的沟道治理工程；征占地面积 50hm^2 及以上、小于 500hm^2 的开发建设项目的水土保持工程。

2. 监理单位开展监理工作应遵守的规定

(1) 遵守国家法律、法规、规章和标准，维护国家利益、社会公共利益和工程建设当事人合法权益。

(2) 不得与施工单位以及设备、材料、苗木和籽种供货人发生经营性隶属关系或合伙经营。

(3) 不得转包或违法分包监理业务。

(4) 不得采取不正当竞争手段获取监理业务。

(5) 水土保持工程监理的行为主体是具有水土保持相应资质的工程建设监理单位，区别于水行政主管部门监督管理的特点是不具备行政强制性。水土保持工程监理的实施需要项目法人（建设单位）委托和授权，并在规定范围内行使管理权。通过项目法人（建设单位）委托和授权方式来实施建设监理是建设监理与政府对工程建设所进行的行政性监督管理的重要区别。这种方式也决定了在实施工程建设监理的项目中，项目法人（建设单位）与监理单位的关系是委托与被委托、授权与被授权的关系。这种委托和授权方式说明，在实施建设监理的过程中，监理单位的权力主要是由作为建设项目管理主体的项目法人（建设单位）通过授权而转移过来的。在水土保持工程项目建设过程中，项目法人（建设单位）始终是以建设项目管理主体身份掌握着工程项目建设的决策权，并承担项目建设风险。

二、监理单位的经营活动准则

水土保持工程监理单位从事监理活动，应当遵循“守法、诚信、公正、科学”的准则。

1. 守法

守法是任何一个具有民事行为能力的单位或个人最起码的行为准则。对于监理单位企业法人来说，守法，就是要依法经营。水土保持工程监理单位只能在核定的业务范围内开展经营活动。这里所说的核定的业务范围，是指监理单位资质证书中填写的、经建设监理资质管理部门审查确认的经营业务范围。核定的业务范围有两层内容：一是监理业务的性质；二是监理业务的等级。监理业务的性质是指可以监理什么专业的工程，如同时具备水利工程施工监理专业资质和乙级以上水土保持工程施工监理专业资质的，方可承担淤地坝中的骨干坝施工监理业务。监理业务的等级是指要按照核定的监理资质等级承接监理业务，如取得水土保持工程施工监理甲级资质的监理单位可以承担各等级水土保持工程的施工监理业务。

水土保持工程监理单位不得伪造、涂改、出租、出借、转让、出卖《水土保持工程监理单位资质等级证书》。

水土保持工程建设监理合同一经双方当事人依法签订，即具有法律约束力，监理单位应按照合同的规定认真履行，不得无故或故意违背自己的承诺。

水土保持工程监理单位离开原住所承接监理业务，要自觉遵守当地人民政府颁发的监理法规和有关规定，接受其指导和监督管理。

水土保持工程监理单位应遵守国家关于企业法人的，包括行政的、经济的和技术的其他法律、法规的规定。

2. 诚信

诚信是考核企业信誉的核心内容。水土保持工程监理单位向项目法人（建设单位）提供的是技术咨询服务，监理单位应运用合理技能为项目法人（建设单位）提供与其水平相适应的咨询意见，认真勤奋工作，协助项目法人（建设单位）实现预定目标。

每个监理单位，甚至每一个监理人员能否做到诚信，都会对监理合同的履行造成一定的影响，尤其对监理单位、监理人员的声誉影响更大。因此，诚信是监理单位经营活动基本准则的重要内容之一。

3. 公正

公正，是指监理单位在处理项目法人（建设单位）与施工单位之间的矛盾和纠纷时，要做到“一碗水端平”，要公平公正，分清责任。决不能因为监理单位受项目法人（建设单位）的委托，就偏袒项目法人（建设单位）。一般来说，监理单位维护项目法人（建设单位）的合法权益容易做到，而维护施工单位的利益比较难。要真正做到公正地处理问题也不容易。水土保持工程监理单位要做到公正，必须做到以下几点：

（1）有良好的职业道德，不为私利而违心地处理问题。

（2）坚持实事求是的原则，不唯上级或项目法人（建设单位）的意见是从。

（3）提高综合分析问题的能力，不被局部问题或表面现象而模糊自己的“视听”。

（4）综合理解、熟练掌握工程建设有关合同条款内容，以合同条款为依据，恰当地协调、处理问题。

4. 科学

监理的科学性是由其任务决定的，水土保持工程由于项目分散，呈现点、线、面等形式分布，措施类型多，季节性强，涉及不同的行业领域，且不同工程对保持水土的功能、防治标准要求不同。因此，在监理活动中只有不断采取新的科学的思想、理论、方案、手段、方法，组织、协调、监控工程的施工，才能实现工程质量、进度、投资目标。总之，凡是处理业务要有可靠依据和凭证；判断问题要用数据说话。实施监理要采用科学的手段和方法制订科学的计划。水土保持工程项目监理结束后，还要进行科学地总结。只有这样，才能提供高智能的、科学的服务，才能符合建设监理事业发展的规律。

三、监理工作的监督管理

水利部实行监理单位资质监督检查制度，对监理单位资质实行动态管理。水利部履行监督检查职责时，有关单位和人员应当客观、如实反映情况，提供相关材料。从 2015 年起，水利部统一设立了“全国水利建设市场信用信息平台”，依据《企业信息公示暂行条例》（2014 年国务院令第 654 号）、《水利部、国家发展和改革委员会关于加快水利建设市场信用体系建设的实施意见》（水建管〔2014〕323 号），先后制定出台了《水利部关于印发水利建设市场主体信用评价管理办法的通知》（水建设〔2019〕307 号）、《水利部关于印发水利建设市场主体信用信息管理办法的通知》（水建设〔2019〕306 号），开展了对水利建设市场主体的信用信息统一管理，规范水利建设市场主体信用评价工作，推进水利建设市场信用体系建设，保障水利建设质量与安全，这里的建设市场主体就包括水土保持监理单位。

按《水利部关于促进市场公平竞争维护水利建设市场正常秩序的实施意见》（水建管〔2017〕123 号）要求，所有市场主体均应在全国水利建设市场主体信用平台建立信用档案并及时更新信息，对在公开信息中隐瞒真实情况、弄虚作假的，作为严重失信行为列入黑名单，对未建立信用档案的市场主体，各级水行政主管部门可依据有关规定采取相应措施。

为加快构建以信用为基础的新型水利建设市场监管体制机制，促进水利事业高质量发展，依据有关法律、法规并结合水利建设市场实际，水利部组织发布了《水利部关于印发水利建设市场主体信用信息管理办法的通知》（水建设〔2019〕306 号）。管理办法内容涵盖了水利建设市场主体信用信息采集、认定、共享、公开、使用及监督管理。管理办法明确水利建设市场主体是指参与水利建设活动和生产建设项目水土保持活动的建设、勘察、设计、施工、监理、监测、咨询、招标代理、质量检测、机械制造等单位和相关人员。针对生产建设项目水土保持市场主体的监理单位未按照规定和合同开展监理工作，情节严重的，因监理工作不到位，出现严重水土保持质量问题的，将列入“重点关注名单”及“黑名单”。

在信用信息的应用等方面，管理办法中明确县级以上水行政主管部门和有关单位及社会团体应依据国家有关法律、法规和规章，按照守信激励和失信惩戒的原则，建立健全信用奖惩机制，在行政许可、市场准入、招标投标、资质管理、工程担保与保险、表彰评优、信用评价等工作中，积极应用信用信息。

四、监理机构

主体工程监理机构是主体工程监理单位在项目现场设置的履行监理合同授权范围内职责的部门。水土保持监理机构是水土保持监理单位在项目现场设置的履行监理合同授权范围内职责的部门。

水土保持监理机构设置的地点、规模和组织形式应根据合同约定，并结合项目的水土流失防治特点、规模、措施、影响因素等综合确定。一般工程现场的监理机构名称为：某监理单位某工程项目监理部。

在监理实施过程中，监理单位应将监理合同约定的管理职责与监理权限授予监理机构，指导、检查、考核并要求监理机构定期向监理单位报工程建设监理的基本情况，监理机构切实履行其职责，公正行使其权限，确保监理工作有序进行。

水土保持工程大都分布在偏远山区，且十分分散，战线长，施工现场交通、通信、生活条件较差。水土保持生态建设项目一般具有工程分布分散，工程规模小、投资少、工期长等特点，可按项目布局在区域设置项目监理部。

水土保持监理机构应根据项目特征及监理合同约定配备必要的设施设备。制定与工作内容相适应的监理工作制度和管理制度。

水土保持监理机构进驻项目现场后，应在第一次工地会议上，将开展监理工作的基本程序、工作制度、工作方法和相关要求等向施工单位进行交底。

水土保持监理机构应根据监理合同的约定，在完成监理工作任务后，向项目法人（建设单位）提交监理成果，将履行合同期间从项目法人（建设单位）处领取的有关工程建设文件资料予以归还，并履行保密义务。

按《水土保持工程施工监理规范》（SL 523—2011）规定，监理机构的基本职责与权限应主要包括以下内容：

（1）协助项目法人（建设单位）选择施工单位及设备、工程材料、苗木和籽种供货人。

（2）核查并签发施工图纸。

（3）审批施工单位提交的有关文件。

（4）签发指令、指示、通知和批复等监理文件。

（5）监督、检查施工过程中现场安全、职业卫生和环境保护情况。

（6）监督、检查工程建设进度。

（7）检查工程项目的材料、苗木、籽种的质量和工程施工质量。

（8）处置施工中影响工程质量或安全的紧急情况。

（9）审核工程量，签发付款凭证。

（10）处理合同违约、变更和索赔等问题。

（11）参与工程各阶段验收。

（12）协调施工合同各方之间的关系。

（13）监理合同约定的其他职责与权限。

五、监理人员职责

《水利工程建设监理规定》明确规定，水利工程建设监理实行总监理工程师负责制。总监理工程师负责全面履行监理合同约定的监理单位职责，发布有关指令，签署监理文件，协调有关各方之间的关系。监理工程师在总监理工程师授权范围内开展监理工作，具体负责所承担的监理工作，并对总监理工程师负责；监理员在监理工程师或者总监理工程师授权范围内从事监理辅助工作。监理单位在监理活动中，应该依据合同约定的职责权限，对所监理工程的各类文件和活动结果进行必要的审核、核查检验、认可与批准。但这并未免除或者减轻项目法人（建设单位）（如提供的图纸、管理不当、提供材料等）或施工单位（如施工组织设计、检测检验结果等）应该承担的责任。监理单位应该加强责任意识，提高自身的专业技能和项目管理能力，对工程实施有效管理。同时对自身的工作失误或失职承担应负的合同责任。

监理人员的配置应根据监理合同约定的监理范围、监理内容、服务期限、工程规模、技术复杂程度、工程环境、工作深度和密度等因素，综合考虑配备监理人员的数量及分工，根据主体工程点状、线状的不同分布，工作界面、工作深度及项目法人（建设单位）的要求进行，包括水土保持总监理工程师、水土保持监理工程师和水土保持监理员，必要时可配备水土保持副总监理工程师或总监代表。监理人员应根据项目特点和工作需求配置工程、植物等相关的专业人员及管理与辅助人员，并随工程施工进展情况做相应的调整，以满足不同阶段监理工作的需要。调整监理人员时应考虑监理工作的连续性，并做好相应的交接工作。同时应当注意，由于总监理工程师及其他主要监理人员的人选已在监理投标文件中明确，且构成了监理合同的组成部分，因此如在实际监理工作中出现变化，应事先征得项目法人（建设单位）的同意。

1. 水土保持监理机构的人员配置要求

监理人员包括水土保持总监理工程师、水土保持监理工程师和水土保持监理员，必要时可配备水土保持副总监理工程师或总监代表。监理人员应根据项目特点和工作需求配置工程、植物等相关的专业人员及管理与辅助人员。水土保持监理机构应将总监理工程师和其他主要监理人员的姓名、监理业务职责分工和授权范围报送项目法人（建设单位）并通知施工单位。

2. 水土保持监理人员职责

（1）总监理工程师应履行下列主要职责，其中，第1)、2)、3)、4)、5)、6)、7)、11）款不得委托：

1）主持编制监理规划，制定监理机构规章制度，审批监理实施细则，签发监理机构的文件。

2）确定监理机构各部门职责分工及各级监理人员职责权限，协调监理机构内部工作。

3）指导监理工程师开展工作，负责本监理机构中监理人员的工作考核，根据工程建设进展情况，调整监理人员。

4）主持第一次工地会议，主持或授权监理工程师主持监理例会和监理专题会议。

5）审批开工申请报告，签发合同项目开工令、暂停施工通知和复工通知等重要监理文件。

6）组织审核付款申请，签发付款凭证。

7）主持处理合同违约、变更和索赔等事宜，签发变更和索赔的有关文件。

8）审查施工组织设计和进度计划。

9）受项目法人（建设单位）委托可组织分部工程验收，参与项目法人（建设单位）组织的单位工程验收、合同项目完工验收，参加阶段验收、单位工程投入使用验收和工程竣工验收。

10）检查监理日志，组织编写并签发监理月报（或季报、年度报告）、监理专题报告、监理工作报告，组织整理监理档案资料。

11）签发合同项目保修期终止证书和移交证书。

(2) 监理工程师应按照岗位职责和总监理工程师所授予的权限开展工作，应履行下列主要职责：

1) 参与编制监理规划、监理实施细则、监理月报（季报、年度报告)、监理专题报告、监理工作报告、监理工作总结报告。

2) 核查并签发施工图。

3) 组织设计交底和现场交桩。

4) 受总监理工程师委托主持工地例会。必要时及时组织召开工地专题会议，解决施工过程中的各种专项问题，并向总监理工程师报告会议内容。

5) 检查进场材料、苗木、籽种、设备及产品质量凭证、检测报告等。

6) 协助总监理工程师协调有关各方之间的关系。按照职责权限处理施工现场发生的有关问题，并按照职责分工进行现场签证。

7) 检验工程的施工质量，并予以确认。

8) 审核工程量。

9) 审查付款凭证。

10) 提出变更、索赔及质量和安全事故等方面的初步意见。

11) 按照职责权限参与工程的质量评定和验收工作。

12) 填写监理日志，整理监理资料。

13) 及时向总监理工程师报告工程建设实施中发生的重大问题和紧急情况。

14) 指导、检查监理员的工作。

15) 处理现场与监理有关的其他工作。

(3) 监理员应协助监理工程师开展工作，并履行下列职责：

1) 核实进场材料、苗木、籽种、设备及产品质量检验报告，并做好现场记录。

2) 检查并记录现场施工程序、施工方法等实施过程情况。

3) 核实工程计量结果。

4) 检查、监督工程现场施工安全和环境保护措施的落实情况，发现问题，及时向监理工程师报告。

5) 检查施工单位的施工日志和检验记录，核实施工单位质量评定的相关原始记录。

6) 填写监理日志。

7) 处理监理工程师交办的其他工作。

水土保持工程的各级监理人员是通过考试、注册，合法取得监理资格证书和岗位证书并定期参加知识更新再培训，从事与经批准的专业相应的监理业务的人员。按照水土保持工程监理有关规定，监理人员的配备要根据工程特点、监理任务及合理的监理深度与密度，优化组合，形成高素质、高效率的监理团队。一般情况下，监理机构中从事水土保持工程监理的有总监理工程师、监理工程师和监理员三个层次。总监理工程师、监理工程师、监理员均系岗位职务。总监理工程师由监理单位针对项目的重要性和专业要求，任命有监理工程师资格的经验丰富的监理人员来担任。

监理机构中各级监理人员主要职责应明确，应在职责权限内开展工作。其中总监理工程师是项目监理机构履行监理合同的总负责人，行使合同赋予监理单位的全部职责，全面负责项目监理工作。

总监理工程师对监理单位负责，专业监理工程师对总监理工程师负责。监理员对监理工程师负责，协助监理工程师开展监理工作，承担辅助性监理工作，但无审批权和发布各种监理指示、通知的权利。总监理工程师应根据分级管理的原则，将一些权限具体、明确地授予监理工程师，并将这种授权及时通报项目法人（建设单位）和施工单位。但是一些重要的监理权限应由总监理工程师负责，不得授权委托他人。

2020年2月28日，按照《住房和城乡建设部 交通运输部 水利部 人力资源和社会保障部关于印发〈监理工程师职业资格制度规定〉〈监理工程师职业资格考试实施办法〉的通知》（建人规〔2020〕3号）的要求，住房和城乡建设部、交通运输部、水利部、人力资源和社会保障部共同制定监理工程师职业资格制度，并按照职责分工分别负责监理工程师职业资格制度的实施与监管。在《监理工程师职业资格制度规定》施行之前取得的水利工程建设监理工程师资格证书，效用不变；目前已取得水利工程建设监理工程师资格的，仍按照《水利工程建设监理人员资格管理办法》规定，由中国水利工程协会负责全国水利工程建设监理人员资格管理及继续教育培训工作。

2020年2月28日发布的《监理工程师职业资格制度规定》《监理工程师职业资格考试实施办法》规定，监理工程师职业资格考试由全国统一大纲、统一命题、统一组织。申请监理工程师资格考试者，应遵守中华人民共和国宪法、法律、法规，具有良好的业务素质和道德品行，并应同时具备职业资格考试条件，经资格考试合格者，由注册机关核发注册证书和执业印章。

监理工程师在工作中，必须遵纪守法，恪守职业道德和从业规范，诚信执业，主动接受有关部门的监督检查，加强行业自律。住房和城乡建设部、交通运输部、水利部按照职责分工建立健全监理工程师诚信体系，制定相关规章制度或从业标准规范，并指导监督信用评价工作。

监理工程师不得同时受聘于两个或两个以上单位，不得允许他人以本人名义执业，严禁“证书挂靠”。出租、出借注册证书的，依据相关法律、法规进行处罚；构成犯罪的，依法追究刑事责任。

监理工程师依据职责开展工作，在本人执业活动中形成的工程监理文件上签章，并承担相应责任。监理工程师的具体执业范围由住房和城乡建设部、交通运输部、水利部按照职责制定。

监理工程师未执行法律、法规和工程建设强制性标准实施监理，造成质量安全事故的，依据相关法律、法规进行处罚；构成犯罪的，依法追究刑事责任。

取得监理工程师注册证书的人员，应当按照国家专业技术人员继续教育的有关规定接受继续教育，更新专业知识，提高业务水平。

3. 监理人员应遵守的规定

按照《水土保持工程施工监理规范》（SL 523—2011），监理人员应遵守以下规定：

（1）遵守职业道德，全面履行职责，维护职业信誉，不应徇私舞弊。

(2) 提高监理服务意识，加强与工程建设有关各方的协作，积极、主动地开展工作。

(3) 未经许可，不应泄露与本工程有关的技术和商务秘密，并应妥善做好项目法人(建设单位)所提供的工程建设文件的资料保存、归还及保密工作。

(4) 不应与施工单位和材料、设备、苗木、籽种供货人有经济利益关系。

水土保持工程大多分布在偏远山区，且措施分散、战线长，施工现场交通、通信、生活条件较差，水土保持工程造价较低，监理咨询服务费用更低。项目监理实施过程中，项目法人(建设单位)或施工单位有责任为监理单位提供必要的工作、生活条件，以利于监理工作的正常开展，这些均需通过合同明确约定。监理单位应根据工程建设实际，合理有效地利用这些设施，并在监理工作结束后予以归还。监理单位不能以此降低对水土保持工程施工的质量要求。

第三节 监理方法、程序和制度

本节根据《水土保持工程施工监理规范》(SL 523—2011)的要求，主要介绍水土保持监理工作的方法、程序和制度。

一、监理方法

水土保持施工监理方法主要包括现场记录、发布文件、巡视检验、旁站监理、跟踪检测、平行检测及协调建设各方关系，调解工程施工中出现的问题和争议等(图 3-1)。应根据水土保持工程具体特点、以及监理合同，设计文件、施工组织设计方案等，编制针对性、适用性的监理规划并贯彻实施。

具体包括下列内容：

1. 现场记录

完整记录巡视过程中水土保持措施落实情况，对措施落实过程中存在的问题，提出整改的意见和要求，并保存好原始影像资料。

现场记录是现场施工情况最基本的客观记载，也是质量评定、计量支付、索赔处理、合同争议解决等的重要原始记录资料。监理人员应认真、完整地对当日各种情况做详细的现场记录。对于施工单位报送的拟进场的工程材料、籽种、苗木报审表及质量证明资料进行审核，并对进场的实物按照有关规范采用平行检测或见证取样方式进行抽检；对于隐蔽工程、关键工序、关键部位的施工过程，监理人员更应该采用照相、摄像等手段予以记录。监理机构应妥善保管各类原始资料。对于验收、检测，要求监理人员掌握第一手测量数据，做到测量手稿与检测报告存档，按有关规定对内业资料及时填写，认真建立技术档案，对于施工中出现的变更、返工、开工、验收等重要环节，均要求以书面形式申报审批并存档。

2. 发布文件

采用通知、指示、批复、签认等文件形式对水土保持相关工作进行监督管理。发布文件是施工现场监督管理的重要手段，也是处理合同问题的重要依据。如开工通知、暂停施

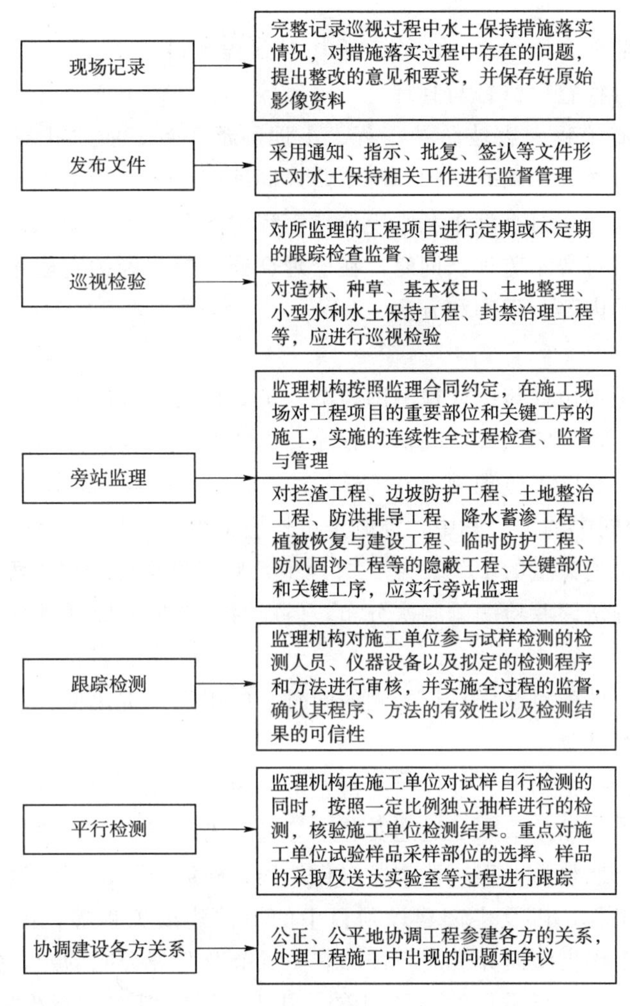

图 3-1 水土保持监理主要工作方法框图

工通知、复工通知、变更通知等。

3. 巡视检验

巡视检验是指监理机构对所监理的工程项目进行定期或不定期的检查、监督和管理。巡视检验适宜于一些水土保持生态建设项目，如造林、种草、基本农田、土地整理、小型水利水土保持工程、封禁治理工程等，主要检查内容包括以下几项：

（1）是否按照设计文件、施工规范和批准的施工方案、工艺施工。

（2）是否使用合格的材料、构配件和工程设备。

（3）施工现场管理人员，尤其是质检人员是否到岗到位。

（4）施工操作人员的技术水平、操作条件是否满足工艺操作要求，特种操作人员是否持证上岗。

（5）施工环境是否对工程质量、安全产生不利影响。

（6）已完成施工部位是否存在质量缺陷。

4. 旁站监理

监理机构按照监理合同约定，在施工现场对工程项目的重要部位和关键工序的施工，实施的连续性全过程检查、监督与管理。

监理人员对拦渣工程、边坡防护工程、土地整治工程、防洪排导工程、降水蓄渗工程、植被恢复与建设工程、临时防护工程、防风固沙工程等的隐蔽工程、关键部位和关键工序，应实行旁站监理，对小型水利水土保持工程中的蓄水池、塘坝等具有蓄水功能的措施的基础处理也应实行旁站监理。同时，在监理合同中应明确约定隐蔽工程、重点部位和关键工序旁站监理的内容、程序和方法。

5. 跟踪检测

监理机构对施工单位参与试样检测的检测人员、仪器设备以及拟定的检测程序和方法进行审核，并实施全过程的监督，确认其程序、方法的有效性以及检测结果的可信性。

可参考《水利工程施工监理规范》(SL 288—2014) 的规定，跟踪检测的项目和数量（比例）应在监理合同中约定。其中，混凝土试样应不少于承包人检测数量的7%，土方试样应不少于承包人检测数量的10%。施工过程中，监理机构可根据工程质量控制工作需要和工程质量状况等确定跟踪检测的频次分布，但应对所有见证取样进行跟踪。

6. 平行检测

监理机构在施工单位对试样自行检测的同时，应按照一定比例独立抽样进行检测，以核验施工单位的检测结果。

施工单位的自检包括初检、复检、终检三道程序。监理机构应重点对施工单位试验样品采样部位的选择、样品的采取及送达实验室等过程进行跟踪。淤地坝工程、拦渣及防洪工程、基本农田及土地整治工程、植物及绿化工程、斜坡防护工程、泥石流防治及崩岗治理工程、防风固沙工程，以及生产建设项目中的植被建设工程等，由于工程类型差异较大，监理方法也因工程类型而异。应当按照有关规范及监理合同约定，针对不同的工程类型和施工工艺围绕影响工程质量的各种因素，灵活运用监理方法，及时发现并解决问题，对工程施工进行有效的管理。

7. 协调建设各方关系

监理单位应遵守国家法律、法规和有关规章，履行监理合同约定的职责，独立、诚信、科学地开展监理工作，公正、公平地协调工程参建各方的关系，处理工程施工中出现的问题和争议。

二、监理程序

监理程序是履行监理合同的工作步骤，充分展现监理工作的时序性、职责分工的严密性、工作目标的确定性，规范化开展监理工作。由于水土保持工程往往涉及多学科、多领域，尤其是生产建设项目，还涉及其他不同行业，因此监理机构在进入现场开展工作前，应对监理人员进行岗前培训，组织监理人员学习工程建设有关法律、法规、规章制度、技术标准，理解和熟悉项目主体工程涉及的相关标准要求，掌握水土保持工程设计文件及相关技术要求等。

开展水土保持工程监理应遵循下列工作程序（图 3－2）：

（1）签订监理合同，明确监理范围、内容和责权。

（2）依据监理合同，组建现场监理机构、选派总监理工程师、监理工程师、监理员和其他工作人员。

（3）熟悉工程设计文件、施工合同文件和监理合同文件。

（4）编制项目监理规划。

（5）进行监理工作交底。

（6）编制监理实施细则。

（7）实施监理工作。

（8）督促施工单位及时整理、归档各类资料。

（9）向项目法人（建设单位）提交监理工作报告和有关档案资料。

（10）组织或参与验收工作。

（11）结清监理费用。

（12）向项目法人（建设单位）提交监理工作报告，并按照监理合同约定移交项目法人（建设单位）提供的文件资料和设备仪器。

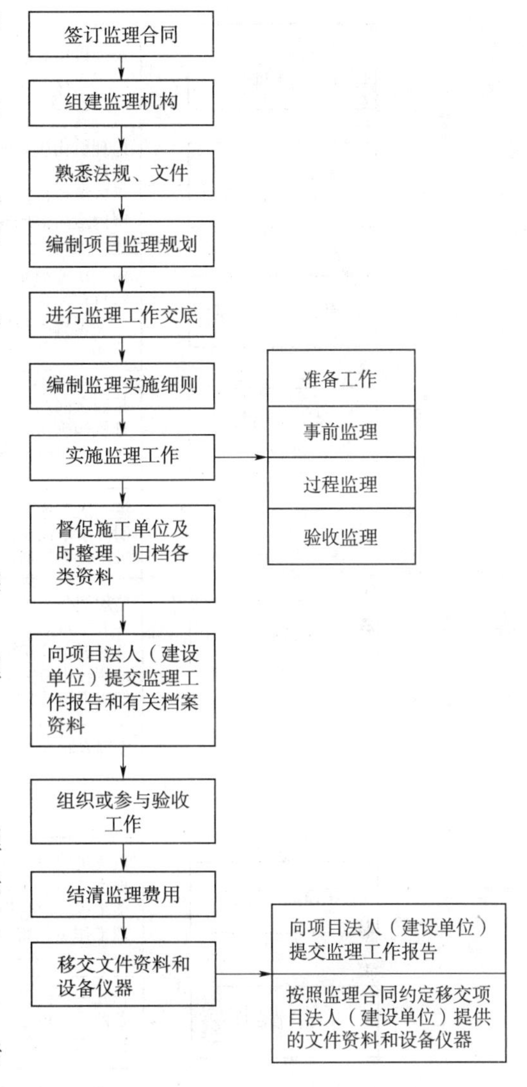

图 3－2　水土保持监理工作程序框图

三、监理制度

水土保持工程监理的工作制度主要包括以下几方面（图 3－3）。

1. 技术文件审核、审批制度

监理机构应依据合同约定对施工图纸和施工单位提供的施工组织设计、开工申请报告等文件进行审核或审批。

2. 材料、构配件和工程设备检验制度

监理机构应对进场的材料、苗木、籽种、构配件及工程设备出厂合格证明、质量检测检疫报告进行核查，并责令施工或采购单位负责将不合格的材料、构配件和工程设备在规定时限内运离工地或进行相应处理。

3. 工程质量检验制度

施工单位每完成一道工序、一个单元或一个分部工程都应进行自检，合格后方可报监理机构进行复核检验。上一单元、分部工程未经复核检验或复核检验不合格，不应进行下一单元、分部工程施工。

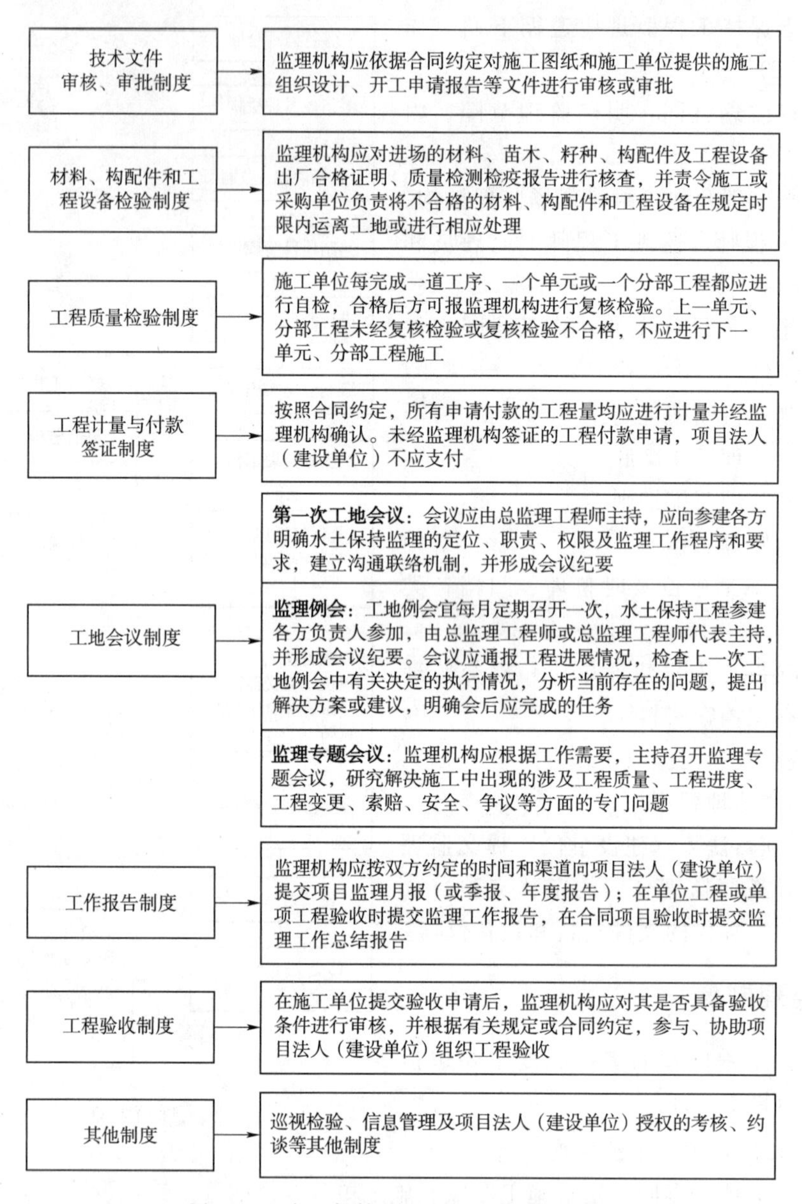

图 3-3　水土保持监理主要工作制度框图

4. 工程计量与付款签证制度

按照合同约定，所有申请付款的工程量均应进行计量并经监理机构确认。未经监理机构签证的工程付款申请，项目法人（建设单位）不应支付。

5. 工地会议制度

工地会议宜由总监理工程师或总监理工程师代表主持，相关各方参加并签到，形成会议纪要并分发与会各方。工地会议应符合下列要求：

（1）第一次工地会议应在工程开工前由项目法人（建设单位）组织召开，由项目法人（建设单位）主持或委托总监理工程师主持。项目法人（建设单位）、施工单位法定代表人或授权代表应出席，重要工程还应邀请设计单位进行技术交底；各方在工程项目中担任主要职务的人员应参加会议；会议可邀请质量监督单位参加。会议应包括以下主要内容：

1）介绍人员、组织机构、职责范围及联系方式。项目法人（建设单位）宣布对监理机构的授权及对总监理工程师的授权；总监理工程师宣布对总监理工程师代表及驻地监理工程师的授权；施工单位应书面提交项目负责人授权书。

2）施工单位陈述开工的准备情况；监理工程师应就施工准备情况及安全等情况进行评述。

3）项目法人（建设单位）对工程用地、占地、临时道路、工程支付及开工条件有关的情况进行说明。

4）监理单位对监理工作准备情况及有关事项进行说明。

5）监理工程师对主要监理程序、质量事故报告程序、报表格式、函件往来程序、工地例会等进行说明。

6）会议主持人进行会议小结，明确施工准备工作尚存在的主要问题及解决措施，并形成会议纪要。

（2）工地例会宜每月定期召开一次，水土保持工程参建各方负责人参加，由总监理工程师或总监理工程师代表主持，并形成会议纪要。会议应通报工程进展情况，检查上一次工地例会中有关决定的执行情况，分析当前存在的问题，提出解决方案或建议，明确会后应完成的任务。

（3）监理机构应根据需要，主持召开工地专题会议，研究解决施工中出现的涉及工程质量、工程进度、工程变更、索赔、安全、争议等方面的专门问题。

6．工作报告制度

监理机构应按双方约定的时间和渠道向项目法人（建设单位）提交项目监理月报（或季报、年度报告）；在单位工程或单项工程验收时提交监理工作报告，在合同项目验收时提交监理工作总结报告。

7．工程验收制度

在施工单位提交验收申请后，监理机构应对其是否具备验收条件进行审核，并根据有关规定或合同约定，参与、协助项目法人（建设单位）组织工程验收。

《水利工程施工监理规范》（SL 288—2014）中规定的工程建设标准强制性条文（水利工程部分）符合性审核制度也应在水土保持工程监理工作制度中有所体现。监理机构在核查和签发施工图纸和审核施工组织设计、施工措施计划、专项施工方案、安全技术措施、度汛方案及灾害应急预案等文件时，应对其与工程建设标准强制性条文（水利工程部分）的符合性进行审核。

8．其他制度

巡视检验信息管理及项目法人（建设单位）授权的考核、约谈等其他制度。

思　考　题

1．水土保持工程监理单位专业资质分几个等级？

2. 各等级水土保持工程监理单位资质等级标准是什么？

3. 水土保持工程监理单位违反法律、法规的规定从事建设监理活动应当受到哪些处罚？

4. 取得水土保持工程监理工程师资格证书应具备什么条件？

5. 水土保持监理的工作程序是什么？

6. 水土保持监理的工作制度有哪些？

7. 水土保持监理的工作方法有哪些？什么是旁站监理？

8. 工地例会解决的问题有哪些？

9. 承担主体工程监理机构在水土保持义务与职责方面有哪些规定？

第四章　水土保持工程监理实施

第一节　施工准备阶段监理工作

由于水土保持工作往往涉及多学科、多领域，尤其是生产建设项目，还涉及其他不同行业，因此监理机构在进驻工地开展工作之前，应对监理人员进行岗前培训，组织学习工程建设有关法律、法规、规章制度、技术标准，了解和熟悉生产建设项目有关主体工程设计和相关标准要求、技术要求等。

根据《水土保持工程施工监理规范》（SL 23—2011）规定，监理单位应按照合同的约定，组建项目监理机构，按时进驻工地，接收项目法人（建设单位）提供的工作、生活条件，调查并熟悉施工环境。接收、收集并熟悉监理项目有关文件，如工程设计文件、进度控制计划、经批准的水土保持方案等，并配备现场检查必须的常规测量、试验检测设备等。

应按要求编制监理规划，并在合同约定的时限向项目法人（建设单位）报送，应按要求编制监理实施细则，明确工程监理的重点、难点、具体要求及监理的方法步骤等。以下为编制的具体内容及要求，以供监理人员参考。

一、理规划和监理细则编制

（一）监理规划的编制

监理规划的编制是由总监理工程师主持，监理工程师应熟悉和掌握监理规划的内容和要求，并参与编写，遵循科学性和实事求是的原则，以监理合同、监理大纲为依据，根据项目特点和具体情况，充分收集与项目建设有关的信息和资料，结合监理单位自身情况进行的。

监理规划是作为指导项目监理机构全面开展监理工作的纲领性文件，既要全面也要有针对性，既要突出预控性又要具有可行性和操作性。监理规划的编写应紧密结合工程建设特点，根据项目的规模、内容、性质等具体情况编写，格式和条目可有所不同。应随着工程建设的进展、实际情况的变化或合同变更而不断修改、补充和完善。监理规划应在监理大纲的基础上，结合施工单位编报的施工组织设计、施工进度计划等，对监理的组织机构、质量、进度、投资计划、监理的程序、监理的方法等做出具体、有针对性的陈述。应对项目监理过程中所需各类表格及向项目法人（建设单位）提供的信息、各类文件作出规范和明确。监理规划应针对具体工程的实际情况，明确监理机构的工作目标，确定具体的工作制度、程序、方法和措施，形式和内容力求规范化、标准化、格式化。要遵循科学性和实事求是的原则，书面表达应注意文字简洁、直观、意思确切，表格、图示及简单文字说明是经常采用的基本方法。

1. 监理规划的编制依据

（1）上级主管单位下达的年度计划批复文件。

(2) 与工程项目相关的法律、法规和部门规章。

(3) 与工程项目有关的标准、规范、设计文件和技术资料。

(4) 监理大纲、监理合同文件及与工程项目相关的合同文件。

2. 监理规划编制主要内容

(1) 工程项目基本概况。

1) 项目的基本情况：项目的名称、性质、规模、项目区位置及总投资和年度计划投资。

2) 自然条件及社经状况：项目区的地貌、气候、水文、土壤、植被和社会经济等与项目建设有密切关系的因子进行必要的描述。

(2) 监理工作范围、内容。

(3) 监理工作目标：项目的质量、进度和投资目标。

(4) 监理机构组织：项目的组织形式、人员配备计划及人员岗位职责。

(5) 监理工作程序、方法、措施、制度及监理设施、设备等。

(6) 其他根据合同项目需要包括的内容。

(二) 监理实施细则的编制

监理实施细则应在单项工程施工前，由项目和专业监理工程师编制完成，相关监理工程师参与，并经总监理工程师批准实施。监理实施细则应在监理规划的基础上，按照合同约定及工程具体要求，紧密结合工程的施工工艺、方法和专业特点，在监理的方法、内容、检测上具有较强的针对性，体现专业特点。监理实施细则应充分体现监理规划所提出的控制目标，明确工程质量、进度、投资控制的具体措施。在方法和途径上应具体可行，便于操作。监理实施细则可根据工程具体情况，分阶段或按单项工程进行编写，也可根据工程的实施情况，不断进行补充、修改、完善。其内容、格式可随工程不同而不同。监理实施细则的条文中，应具体明确引用的技术标准及设计文件的名称、文号；文中采用的报表、报告，应写明采用的格式。水土保持工程施工监理实施细则编写主要内容如下：

(1) 总则。

1) 编制依据应包括：施工合同文件、设计文件与图纸、监理规划、施工组织设计及有关的技术资料。

2) 适用范围。应包括监理实施细则适用的项目和专业。

3) 负责本项目监理工作的人员及职责分工。

4) 适用工程范围内的全部技术标准的名称。

5) 项目法人（建设单位）为该工程开工和正常进展提供的必要条件。

(2) 单位工程、分部工程开工审批的程序和申请内容。

(3) 质量控制的内容、措施和方法，应包括下列内容：

1) 质量控制的标准与方法。应明确工程质量标准、检验内容及控制措施。

2) 材料、构配件、工程设备质量控制。应明确材料、构配件、工程设备报验收、签认程序，检验内容与标准。

3) 施工质量控制。应明确质量控制重点、方法和程序。

（4）进度控制的措施、内容和方法，应包括下列内容：

1）进度目标控制体系。应包括：工程的开竣工时间、阶段目标及关键工作时间。

2）进度计划的表达方法。依据合同的要求和进度控制的需要，进度计划的表达可采用横道图、网络图等方式。

3）施工进度计划的申报与审批。应明确进度计划的申报时间、内容、形式，明确进度计划审批的职责分工与时限。

4）施工进度的过程控制。应明确进度控制的内容、进度控制的措施、进度控制的程序、进度控制的方法及进度偏差分析和预测的方法和手段。

5）停工与复工。应明确停工与复工的条件、程序。

6）工程延期及工程延误的处理。应明确工程延期及工程延误控制的措施和方法。

（5）投资控制的内容、措施和方法，应包括下列内容：

1）投资控制的目标体系。应包括：投资控制的措施和方法。

2）计量与支付。应包括：计量与支付的依据、范围和方法；计量与支付申请的内容及程序。

3）费用索赔。应明确防止费用索赔措施和方法。

（6）施工安全、职业卫生和环境保护内容、措施和方法，应包括下列内容：

1）施工安全卫生监理机构的安全卫生控制体系和施工单位建立的施工安全卫生保证体系。

2）施工安全及职业卫生因素的分析与预测。

3）环境保护的内容与措施。

（7）合同管理的主要内容。

合同管理的主要内容包括工程变更、索赔、违约、担保、保险、分包、化石和文物保护、施工合同解除、争议的解决及清场与撤离等，并应明确监理工作内容与程序。

（8）信息管理，应包括下列内容：

1）信息管理体系。应包括：设置管理人员，制定管理制度。

2）信息的收集和整理。应包括：信息收集和整理的内容、措施和方法。

（9）工程验收与移交，明确各类工程验收程序和监理工作内容。

二、施工准备阶段的监理工作

（一）检查并协调落实开工前应由项目法人（建设单位）提供的施工条件

监理机构需对项目开工前项目法人（建设单位）提供的条件完成情况进行检查并协调落实，对可能影响施工单位按时进场和工程按期开工的问题提出处理意见报项目法人（建设单位），并请项目法人（建设单位）尽快采取有效措施解决存在的问题。

（1）施工图纸和文件发送情况。

（2）资金落实情况。

（3）施工用地等施工条件的协调、落实情况。

检查施工合同中规定应由项目法人（建设单位）提供的场外道路、供电、供水、通信等条件能否满足工程开工的要求。检查施工用地能否按时提供。征地工作是否落实，征地范围内是否迁移完，地下有无障碍物；场地与外部有无可靠的交通道路，材料设备入场有无障碍，雨季时有否被水淹或泥泞状况影响施工的情况；对外通信有几条电话线为施工使用；施工用电、生活用电电源接线地点多远、供电容量够不够，是否调换或增加变压器。

（4）有关测量基准点的移交。检查控制性高程点、坐标点的移交情况。

（5）首次预付款是否按合同约定拨付。

（二）应检查并督促落实施工单位的施工准备工作

（1）施工单位管理组织机构设置是否健全、职责是否明确，管理和技术人员数量是否满足工程建设需要。

监理机构应检查各级管理机构组织情况（对照投标书中检查项目、各级负责人、施工人数、计划时间），能否满足开工要求；检查施工单位派驻现场的主要管理人员数量及资格是否与合同文件一致，如有变化，需征得项目法人（建设单位）同意。

（2）施工单位是否具备投标承诺的资质，施工设备、检测仪器设备能否满足工程建设要求。

检查施工单位进场施工设备的数量、规格、生产能力、完好率及设备配套的情况是否满足工程开工及随后施工的需要。经检查存在问题或隐患的施工设备，应督促施工单位尽快检修或撤离工地更换。

（3）施工单位是否对水土保持综合治理措施设计与当地立地条件、可实施条件等进行了核对，苗木、籽种来源是否落实。其中施工单位对水土保持工程设计的进行现场核实包括：核对现场可实施条件、设计缺陷、材料进场条件。

（4）施工单位是否对淤地坝、塘坝、渠系闸门、拦渣坝（墙、堤）、护坡工程、排水工程、泥石流防治及崩岗治理工程、采石场、取土场、弃渣场等的原始地面线、沟道断面等影响工程计量的部位进行了复测或确认。

施工单位应按合同文件规定对项目法人（建设单位）提供的淤地坝等土石方工程的原始基准点、基准线和参考标高等计量部位进行复核，并在此基础上完成施工测量控制网布设及原始地形图的测绘。控制网布设和实测方案，必须事先报经监理机构批准。监理机构应派出测量监理工程师对实测过程进行监督或复核，对测量成果进行签认。施工单位对工程所有的位置、标高、尺寸的正确性负责。

（5）施工单位的质检人员组成、设备配备是否落实，质量保证体系、施工工艺流程、检测检查内容及采用的标准是否合理。

1）检查施工单位的质量保证体系，主要内容包括：

a. 设立专门的质量管理机构和专职质量检测人员，建立健全质量保证体系情况。

b. 编制质量保证体系文件和规章制度情况。

c. 施工质量检验人员的岗位培训和业务考核情况。

d. 按照国家有关规定需要持证上岗的质量管理人员的资格情况。

2）检查施工单位实验室条件是否符合有关规定。主要包括：

a. 实验室的资质等级和试验范围。

b. 法定计量部门对实验室检测仪器和设备的计量鉴定证书。

c. 试验检验所必需的仪器设备应配置齐全，其技术性能和工作状态应良好，并按规定进行检定、校验。

d. 试验人员的资格证书。

(6) 施工单位的安全管理机构、安全管理人员配备、安全管理规章制度是否到位。

(7) 施工单位的环境保护、安全生产等相关措施的制定是否合理、完善。

(8) 应审查施工单位的施工组织设计:

1) 施工质量、进度、安全、职业卫生、环境保护等是否符合国家相关法律、法规、行业标准、工程设计、招投标文件、合同及投资计划的要求目标。

2) 质量、安全、职业卫生和环境保护机构、人员、制度措施是否齐全有效。

3) 施工总体部署、施工方案、安全度汛应急预案是否合理可行。

4) 施工计划安排是否与当地季节气候条件相适应。

5) 施工组织设计中临时防护及安全防护和专题技术方案是否可行。

(9) 应检查施工单位进场原材料、构配件的质量、规格是否符合有关技术标准要求,储存量是否满足工程开工及随后施工的需要。

(10) 项目监理机构应组织进行项目划分,并于工程项目开工前及时协助项目法人(建设单位)组织或在项目法人(建设单位)委托下组织召开第一次工地会议。监理机构主持会议时应事先将会议议程及有关事项通知相关单位。

(11) 承担坝系工程或生产建设项目水土保持的监理单位还应按照合同约定,委派监理机构对施工准备阶段的场地平整以及通水、通路、通电和施工中的临时工程等进行巡检。

监理机构对临时工程进行巡查发现不能满足施工需要,有影响进度等情况,应及时形成专项报告,向项目法人(建设单位)报告并提出工作建议。

三、施工组织设计和技术措施的审查

(一) 施工组织设计的审查

施工单位在施工前,应对照水土保持工程设计进行现场核实,核对工程现场可实施条件、设计缺陷、材料进场条件等。无论是水土保持生态建设项目建设,还是生产建设项目水土保持设施建设,施工单位都应根据项目特点,结合工程实际情况,编制施工组织设计方案,开工前报监理机构审查后执行。对规模大、结构复杂或属新型结构、特种结构工程的技术方案,监理机构应在审查后,审批意见由总监理工程师签发。必要时与项目法人(建设单位)协商,组织有关专家会审。

监理机构在对施工单位的施工组织设计进行仔细审核后,提出意见和建议,并用书面形式答复施工单位是否批准施工组织设计,是否需要修改。如果需要修改,施工单位应对施工组织设计进行修改后提出新的施工组织设计,再次提交监理机构审核,直至批准为止。在施工组织设计获得批准后,施工单位就应严格遵照批准的施工组织设计和技术措施实施。施工单位应对其编制的施工组织设计的完备性负责,监理机构对施工方案的批准,不解除施工单位对此方案应负的责任。

由于水土保持工程建设项目内容多,施工单位在组织现场施工时,必须对每一个单项工程措施,如治沟骨干坝、拦渣坝、拦渣堤、斜坡防护、人工造林、人工种草、基本农田、沟头防护工程、塘库（涝池）、坡面排水系统、崩岗治理工程、封育治理等制定更为具体的施工技术措施，详细说明如何实施该单项措施的施工。

（二）技术措施的审查

监理工程师对技术措施进行审查时，应从以下几个方面进行：

1. 技术组织措施

审查内容包括技术组织的人员组成，工程师、助理工程师、技术员及技工等的数量。

2. 保证工程质量的措施

审查内容为有关建筑材料的质量标准、检验制度、使用要求，主要工种工程的技术质量标准和检验评定方法，对可能出现技术和质量问题的改进办法和措施。

3. 安全保证措施

审查的内容为有关安全操作规程、安全制度等。

在施工过程中，监理工程师有权随时对已批准的施工设计和技术措施的实施情况进行检查，如发现施工单位有背离之处，监理工程师以口头形式或书面形式指出并要求予以改正。

第二节 开工条件的控制

监理机构在施工实施阶段应按照《水土保持工程施工监理规范》（SL 523—2011）的要求做开工条件的控制。开工条件控制的规定如下：

（1）施工单位完成合同项目开工准备后，应向监理机构提交开工申请。经监理机构检查确认施工单位的施工准备及项目法人（建设单位）有关工作满足开工条件后，应由总监理工程师签发开工令。

（2）单位工程或合同项目中的单项工程开工前，应由监理机构审核施工单位报送的开工申请、施工组织设计，检查开工条件，征得项目法人（建设单位）同意后由监理工程师签发工程开工通知。重要的防洪工程和生产建设项目中对主体工程及周边设施安全、质量、进度、投资等其中一方面或同时具有重大影响的单位工程，应由总监理工程师签发开工通知。

生产建设项目水土保持的施工组织设计应注意下列规定：

1）应控制施工场地占地，避开植被相对良好的区域和基本农田区。

2）应合理安排施工，防止重复开挖和多次倒运，减少裸露时间和范围。

3）在河岸陡坡开挖土石方，以及开挖边坡下方有河渠、公路、铁路、居民点和其他重要基础设施时，宜设计渣石渡槽、溜渣洞等专门设施，将开挖的土石导出。

4）弃土、弃石、弃渣应分类堆放。

5）外借土石方应优先考虑利用其他工程废弃的土（石、渣），外购土（石、料）应选择合规的料场。

6）大型料场宜分台阶开采，控制开挖深度。爆破开挖应控制。

7）工程标段划分应考虑合理调配土石方，减少取土（石）方、弃土（石、渣）方和临时占地数量。

（3）由于施工单位原因使工程未能按施工合同约定时间开工，监理机构应通知施工单位在约定时间内提交赶工措施报告并说明延误开工原因。由此增加的费用和工期延误造成的损失，应由施工单位承担或按照合同约定处理。

(4) 由于项目法人（建设单位）原因使工程未能按施工合同约定时间开工，监理机构在收到施工单位提出的顺延工期的要求后，应立即与项目法人（建设单位）和施工单位共同协商补救办法。由此增加的费用和工期延误造成的损失，应由项目法人（建设单位）承担或按照合同约定处理。

第三节　施工实施阶段的监理工作

水土保持的质量优劣，不仅关系到区域生产生活条件的改善，还关系到江河的治理和国家经济的可持续发展，同时也直接影响到广大人民群众的切身利益。对水土保持工程能否安全、可靠、经济、适用的在规定的经济寿命内正常运行，发挥设计功能关系重大。水土保持工程施工阶段是形成工程实体和质量的重要阶段，水土保持施工实施阶段的监理工作主要为工程质量控制、工程进度控制、工程投资控制的三大目标控制，以及施工安全、职业卫生与环境保护，工程变更，信息管理。其中质量控制是监理工作中最基础、工作量最大的一项任务，因内容较多，需单独成节详细论述，本节不再赘述。

一、工程进度控制

监理机构应以合同管理为中心，建立健全进度控制管理体系和规章制度，确定进度控制目标系统，严格审核施工单位递交的进度计划，协调好建设有关各方的关系，加强信息管理，随时对进度计划的执行进行跟踪检查、分析和调整，处理好工程变更、工期索赔、施工暂停、工程验收等影响施工进度的合同问题，监督施工单位按期或提前实现合同工期目标。

（一）进度控制的主要监理工作内容

进度控制可分为事前控制、事中控制和事后控制，主要包括以下监理工作内容：

(1) 审批施工单位在开工前提交的依据施工合同约定的工期总目标编制的总施工进度计划、现金流量计划及总说明。

(2) 施工过程中审批施工单位根据批准的总进度计划编制的年、季、月施工进度计划，以及依据施工合同约定审批特殊工程或重点工程的单位（单项）、分部工程进度计划及有关变更计划。

(3) 在施工过程中，检查和督促计划的实施。定期向项目法人（建设单位）报告工程进度情况。

跟踪监督检查现场施工情况，包括施工单位的资源投入、资源状况、施工条件、施工方案、现场管理、施工进度等，检查工程设备和材料的供应。做好监理日记，收集、记录、统计分析现场进度信息资料，并将实际进度与计划进度进行比较，分析进度偏差将会带来的影响并进行工程进度预测，审批或研究制定进度改进措施，协调施工干扰与冲突，随时注意施工进度计划的关键控制节点的动态；审核施工单位提交的进度统计分析资料和进度报告，定期向项目法人（建设单位）汇报工程实际进展状况，按期提供必要的进度报告，组织定期和不定期的现场会议，及时分析、通报工程施工进度状况，并协调各施工单位之间的生产活动；预测、分析、防范重大事件对施工进度的影响。

(4) 施工进度应考虑不同季节及汛期各项工程的时间安排及所要达到的进度指标，其中植物措施进度应根据当地的气候条件适时调整，施工进度以年（季）度为单位进行阶段控制；淤地坝等工程施工进度安排应考虑工程的安全度汛。

(5) 合同项目总进度计划应由监理机构审查，年、季、月进度计划应由监理工程师审批。经批准的进度计划应作为进度控制的主要依据。

(二) 施工进度计划审批的程序及审查

施工进度计划审批的程序体现在几点：

(1) 施工单位应在施工合同约定的时间内向监理机构提交施工进度计划。施工单位应按技术标准和施工合同约定的内容和期限以及监理机构的指示，编制详细的施工总进度计划及其说明提交监理机构审批。

(2) 监理机构应在收到施工进度计划后及时进行审查，提出明确审批意见。必要时召集由项目法人（建设单位）、设计单位参加的施工进度计划审查专题会议，听取施工单位的汇报，并对有关问题进行分析研究。

(3) 监理机构应在收到施工进度计划后及时进行审查，提出明确审批意见。必要时应召集由项目法人（建设单位）、设计单位参加的施工进度计划审查专题会议，听取施工单位的汇报，并对有关问题进行分析研究。

(4) 监理机构应提出审查意见，交施工单位进行修改或调整。

(5) 审批施工单位应提交施工进度计划或修改、调整后的施工进度计划。

施工单位应按照批准的施工进度计划或修改、调整后的施工进度计划进行现场施工安排，因施工单位的原因造成施工进度延迟，施工单位应按监理机构的指示，采取有效措施赶上进度。施工进度计划审查体现在以下几点：

1) 在施工进度计划中有无项目内容漏项或重复的情况。

2) 施工进度计划与合同工期和阶段性目标的响应性与符合性。

3) 施工进度计划中各项目之间逻辑关系的正确性与施工方案的可行性。

4) 关键路线安排和施工进度计划实施过程的合理性。

5) 人力、材料、施工设备等资源配置计划和施工强度的合理性。

6) 材料、构配件、工程设备供应计划与施工进度计划的衔接关系。

7) 本施工项目与其他各标段施工项目之间的协调性。

8) 施工进度计划的详细程度和表达形式的适宜性。

9) 对项目法人（建设单位）提供施工条件要求的合理性。

10) 其他应审查的内容。

(三) 施工进度的检查与协调

(1) 监理机构应督促施工单位做好施工组织管理，确保施工资源的投入，并按批准的施工进度计划实施。

(2) 监理机构应及时收集、整理和分析进度信息，做好工程进度记录以及施工单位每日的施工设备、人员、材料的进场记录，并审核施工单位的同期记录，编制描述实际施工进度状况和用于进度控制的各类图表。

（3）监理机构应对施工进度计划的实施进行定期检查，对施工进度进行分析和评价，对关键路线的进度实施重点跟踪检查，并在监理月（季、年）报中向项目法人（建设单位）通报。若发现进度滞后问题，监理工程师应书面通知施工单位采取纠正措施，并监督实施通报。

（4）监理机构应根据施工进度计划，协调有关参建各方之间的关系，定期召开生产协调会议，及时发现、解决影响工程进度的干扰因素，促进施工项目的顺利进展。

（5）制约总进度计划的分部工程的进度严重滞后时，监理工程师应签发监理指令，要求施工单位采取措施加快施工进度。进度计划需调整时，应报总监理工程师审批。

（四）施工进度计划的调整

（1）监理机构在检查中发现实际工程进度与施工进度计划发生了实质性偏离时，应要求施工单位及时调整施工进度计划。

（2）监理机构应根据工程变更情况，公正、公平地处理工程变化所引起的工期变化事宜。当工程变更影响施工进度计划时，监理机构应指示施工单位编制变更后的施工进度计划。

（3）监理机构应依据施工合同和施工进度计划及实际工程进度记录，审查施工单位提交的工期索赔申请，提出索赔处理意见报项目法人（建设单位）。

（4）施工进度计划的调整使总工期目标、阶段目标和资金使用等变化较大时，监理机构应提出处理意见报项目法人（建设单位）批准。

施工进度计划是动态的，因此，必须随时进行实际进度与计划进度的对比、分析，及时发现新情况，适时调整进度计划。如果工程施工进度拖延是由于施工单位的原因或风险造成的，监理机构可发出赶工指令，要求施工单位采取措施，修正进度计划。

（五）停工与复工规定

（1）在发生下列情况之一时，监理机构可视情况决定是否下达暂停施工通知：

1）项目法人（建设单位）要求暂停施工。

2）施工单位未经许可进行工程施工。

3）施工单位未按照批准的施工组织设计或施工方法施工，并且可能会出现工程质量问题或造成安全事故隐患。

4）施工单位有违反施工合同的行为。

（2）在发生下列情况之一时，监理机构应下达暂停施工通知：

1）工程继续施工将会对第三者或社会公共利益造成损害。

2）为了保证工程质量、安全所必要。

3）发生了须暂时停止施工的紧急事件。

4）施工单位拒绝执行监理机构的指示。从而将对工程质量、进度和投资控制产生严重影响。

5）其他应下达暂停施工通知的情况。

监理机构下达暂停施工通知，应征得项目法人（建设单位）同意。项目法人（建设单位）应在收到监理机构暂停施工通知报告后，在约定时间内予以答复。若项目法人（建设单位）逾期未答复，则视为其已同意，监理机构可据此下达暂停施工通知，并根据停工的影响范围和程度，明确停工范围。若由于项目法人（建设单位）的责任需要暂停施工，监理机构未及时下达暂停施工通知时，在施工单位提出暂停施工的申请后，监理机构应在施工合同约定的时间内予以答复。下达暂停施工通知后，监理机构应指示施工单位妥善照管工程，并督促有关方及时采取有效措施，排除影响因素，为尽早复工创造条件。在具备复工条件后，监理机构应征得项目法人（建设单位）同意后及时签发复工通知，明确复工范围，并督促施工单位执行。监理机构应及时按施工合同约定处理因工程停工引起的与工期、费用等有关的问题。拟用的建设监理工作常用表格见相关规范，例：工程暂停施工通知及工程复工报审表见表 4-1。

表 4-1　　　　工程暂停施工通知及工程复工报审表

JL3　　　　工程暂停施工通知

工程名称：________　　　　编号：________

工程地点	____省（自治区、直辖市）____县（旗、市、区）____乡（镇）____村
致：____________（施工单位） 由于________原因，现通知你方必须于______年___月___日___时起，对工程部位工序暂停施工，并按下述要求做好各项工作。 要求：________ 项目监理机构（章）：________ 总监理工程师：________ 日　　期：________	
施工单位（章）：________ 项目经理：________ 日　　期：________	

说明：本表一式 份，由监理机构填写。施工单位审签后，施工单位、监理机构、项目法人（建设单位）、设代机构各一份。

SC2　　　　工程复工报审表

工程名称：________　　　　编号：________

工程地点	____省（自治区、直辖市）____县（旗、市、区）____乡（镇）____村
致：____________（监理机构） ________工程，接到暂停施工通知（第___号），已于______年___月___日暂停施工。鉴于致使该工程的停工因素已经消除，复工准备工作业已就绪，特报请贵方批准于______年___月___日复工。 附件：具备复工条件的情况说明。 施工单位（章）：________ 项目负责人：________ 日　　期：________	
审查意见： 项目监理机构（章）：________ 总监理工程师：________ 日　　期：________	

由于施工单位的原因造成施工进度拖延，可能致使工程不能按合同工期完工时，监理机构应指示施工单位调整施工进度计划，编制赶工措施报告，在审批后发布赶工指示，并督促施工单位执行。监理机构应按照施工合同约定处理对因赶工引起的费用事宜。生产建设项目水土保持监理还应根据监理合同授权对主体工程的土方石开挖、排弃等进行巡检，核查拦挡工程、排水工程等的施工进度，并可根据情况向项目法人（建设单位）和主体工程的监理单位提出停工（复工）、整改、扣款等建议。监理机构应督促施工单位按施工合同约定按时提交月、季、年施工进度报告。

综上所诉，工程进度控制监理工作程序具体流程如图 4－1 所示。

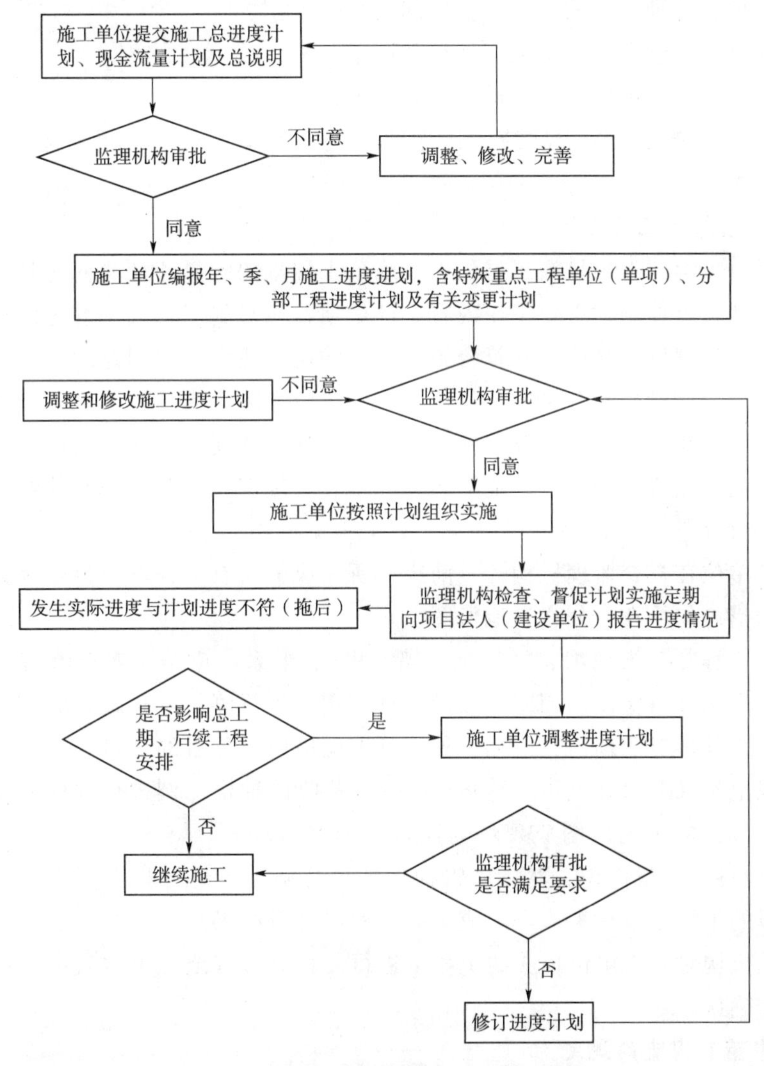

图 4－1　工程进度控制监理工作程序图

二、工程投资控制

投资控制是水土保持工程目标控制管理的重要组成部分，是指在施工阶段根据工程实际进展情况，采取有效措施，进行费用的动态管理与控制。把实际投资控制在原计划目标内，并随时纠正偏差，以保证在水土保持工程建设中合理使用人力、物力、财力的最佳效益。

1. 工程投资控制的主要监理工作

（1）根据工程实际进展情况，对合同付款情况进行分析，提出资金流调整意见。

（2）审核工程付款申请，签发付款证书。

（3）根据施工合同约定进行价格调整。

（4）根据授权处理工程变更所引起的工程费用变化事宜。

（5）根据授权处理合同索赔中的费用问题。

（6）审核完工付款申请，签发完工付款证书。

（7）审核最终付款申请，签发最终付款证书。

监理机构对投资的控制程序应为：先经监理工程师审核，再报总监理工程师审定、审批。

2. 工程计量应满足的要求

在水土保持工程建设项目施工过程中，施工工程量的测量和计算简称计量。水土保持工程计量是监理投资控制的重要工作内容。计量项目应是施工合同中规定的项目，可支付的工程量，是经监理机构签认，并符合施工合同约定或建设单位同意的工程变更项目的工程量及计日工，经质量检验合格的工程量，施工单位实际完成的并按施工合同有关计量规定计量的工程量，在监理机构签发的施工图纸（包括设计变更通知）所确定的范围和施工合同文件约定应扣除或增加计量的范围内，应按有关规定及施工合同文件约定的计量方法和计量单位进行计量。

（1）施工单位在提交监理机构计量前应对所完成的所有工程进行自查登记，对流域治理项目将治理措施勾绘在万分之一地形图上。

（2）监理工程师对淤地坝、拦渣坝（墙、堤）、渠系、道路、泥石流防治及坡面水系等工程措施的现场计量应使用相应的测量工具，逐一进行测量，并做好记录。

（3）监理工程师对于梯田、造林、种草等坡面措施工程量的计量，按照《水土保持综合治理验收规范》（GB/T 15773—2008）中阶段验收的抽样比例进行抽样检查。对于抽查到的图斑采取万分之一地形图应现场勾绘，室内量算面积，对于梯田、果园等面积小于 $1hm^2$ 的地块应逐块丈量面积。然后应将抽查结果与施工单位自验结果所形成的比例对施工单位所申报的工程量进行折算，形成最终工程量计量结果。

（4）监理机构对施工单位提交的工程量进行复核时应有施工单位人员在场参加，并对计量结果签字确认。

3. 付款申请和审查的规定

（1）计量结果认可后，监理机构方可受理施工单位提交的付款申请。

（2）施工单位应在施工合同约定的期限内填报付款申请报表，监理机构在接到施工单位付款申请后，应在施工合同约定时间内完成审核。付款申请应符合下列要求：

1）付款申请表填写符合规定，证明材料齐全。

2）申请付款项目、范围、内容、方式符合施工合同约定。

3）质量检验签证齐备。

4）工程计量有效、准确。

5）付款单价及合价无误。

因施工单位申请资料不全或不符合要求，造成付款证书签证延误的，应由施工单位承担责任。未经监理机构签字确认，项目法人（建设单位）不应支付任何工程款项。

4. 预付款支付规定

工程项目具备开工条件时，施工单位应填报预付款申请单，经监理机构审批。监理机构在收到施工单位的工程预付款申请后，应审核施工单位获得工程预付款已具备的条件。条件具备、额度准确时，可签发工程预付款付款证书。预付款比例应以施工合同约定为准。监理机构应在审核工程价款按月（季）支付申请的同时审核工程预付款应扣回的额度，并汇总已扣回的工程预付款总额。监理机构在收到施工单位的工程材料预付款申请后，应审核施工单位提供的单据和有关证明资料，并按合同约定随工程价款月（季）付款一起支付。

5. 工程价款月（季）支付申请的要求

工程价款的支付按施工合同中的约定执行，宜每月（季）支付一次。在施工过程中，监理机构应审核施工单位提出的月（季）付款申请，同意后签发工程价款月（季）付款证书。

工程价款月（季）支付申请应包括下列内容：

(1) 本月（季）已完成并经监理机构签认的工程项目应付金额。

(2) 经监理机构签认的当月计日工的应付金额。

(3) 工程材料预付款金额。

(4) 价格调整金额。

(5) 施工单位应有权得到的其他金额。

(6) 工程预付款和工程材料预付款扣回金额。

(7) 保留金扣留金额。

(8) 合同双方争议解决后的相关支付金额。

工程价款月（季）支付属工程施工合同的中间支付，监理机构可按照施工合同的约定。

6. 保留金支付规定

(1) 合同项目完工并签发工程移交证书之后，监理机构应按施工合同约定的程序和数额签发保留金付款证书。

(2) 当工程保修期满之后，监理机构应签发剩余的保留金付款证书。如果监理机构认为还有部分剩余缺陷工程需要处理，报项目法人（建设单位）同意后，可在剩余的保留金付款证书中扣留与处理工作所需费用相应的保留金余款，直到工作全部完成后支付完全部保留金。

生产建设项目土建工程的施工单位支付保留金时，还应征得水土保持监理机构的同意。

7. 完工支付和最终支付规定

工程完工及按合同规定保修期满后，施工单位填写资金报账申请表，监理机构审定并签署支付凭证。

（1）监理机构应及时审核施工单位在收到工程移交证书（或保修责任终止证书）后提交的完工付款申请（或最终付款申请）及支持性资料，签发完工付款证书（或最终付款证书）。报项目法人（建设单位）批准。

（2）应审核以下内容：

1）到移交证书上注明的完工日期止，施工单位按施工合同约定累计完成的工程金额；或施工单位按施工合同约定和经监理机构批准已完成的全部工程金额。

2）施工单位认为还应得到的其他金额。

3）项目法人（建设单位）认为还应支付或扣除的其他金额。

监理机构应按施工合同约定的程序和调整方法，审核单价、合价的调整。当项目法人（建设单位）与施工单位因价格调整协商不一致时，监理机构可暂定调整价格。价格调整金额应随工程价款月（季）支付一同支付。

8. 施工合同解除后的支付规定

因施工单位或项目法人（建设单位）违约及因不可抗力造成施工合同解除的支付，监理机构应就合同解除前施工单位应得到但未支付的下列工程价款和费用签发付款证书，但应扣除根据施工合同约定应由施工单位承担的违约费用：

（1）已实施的永久工程合同金额。

（2）工程量清单中列有的、已实施的临时工程合同金额和计日工金额。

（3）为合同项目施工合理采购、制备的材料、构配件和工程设备的费用。

（4）因项目法人（建设单位）违约解除施工合同给施工单位造成的直接损失及施工单位的退场费用。

（5）施工单位依据有关规定、约定应得到的其他费用。

上述付款证书均应报项目法人（建设单位）批准。监理机构应按施工合同约定，协助项目法人（建设单位）及时办理施工合同解除后的工程接收工作。

9. 索赔的监理规定

（1）监理机构在接到索赔报告时，应依据合同文件并参照有关施工索赔的法规，客观、公正地进行审核与协调。监理机构应受理施工单位和项目法人（建设单位）提起的合同索赔，但不应接受未按施工合同约定的索赔程序和时限提出的索赔要求。

（2）监理机构在收到施工单位的索赔意向通知后，应核查施工单位的当时记录，指示施工单位做好延续记录；应要求施工单位提供进一步的支持性资料。

（3）监理机构在收到施工单位的中期索赔申请报告或最终索赔申请报告后，应进行下列工作：

1）依据施工合同约定，对索赔的有效性、合理性进行分析和评价。

2）对索赔支持性资料的真实性逐一进行分析和审核。

3）对索赔的计算依据、方法、过程、结果及其合理性逐项进行审查。

4）对于由施工合同双方共同责任造成的经济损失或工期延误，应通过协商一致，公平合理地确定双方分担的比例。

5）必要时应要求施工单位再提供进一步的支持性资料。

（4）监理机构应在施工合同约定的时间内做出对索赔申请报告的处理决定，报送项目法人（建设单位）并抄送施工单位。若合同双方或其中任一方不接受监理机构的处理决定，则应按争议解决的有关约定或诉讼程序进行解决。

（5）监理机构在施工单位提交了完工付款申请后，不应再接受施工单位提出的在工程移交证书颁发前所发生的任何索赔事项，在施工单位提交了最终付款申请后，不应再接受施工单位提出的任何索赔事项。

10. 工程计量的工作内容

所谓合同计量的范围，是指施工单位按照合同约定完成的，应予以计量并据此作为计算合同支付价款的项目及其计量部分。在施工合同实施中，一般不是施工单位完成的全部物理工程量。如合同规定按设计开挖线支付，对因施工单位原因造成的不合理超挖部分不予计量；再如对合同工程量清单中未单列但又属于合同约定施工单位应完成的项目，施工单位自己规划设计的施工便道、临时栈桥、脚手架以及为施工需要而修建的施工排水泵、河岸护堤、隧洞内壁车洞、临时支护等均不应予以计量，这些项目的费用被认为在施工单位报价中已经考虑，分摊到合同工程量清单的相应项目中了。

在监理机构签发的施工图纸（包括设计变更通知）所确定的范围和施工合同文件约定应扣除或增加计量的范围内，应按有关规定及施工合同文件约定的计量方法和计量单位进行计量。

这里类举部分水土保持工程的计量方法，可作为监理人员在工作中的参考。

（1）淤地坝工程的计量。治沟骨干工程主要是对土坝的碾压土方量、泄水建筑物的工程量进行审核和确认。对上报的淤地坝在初验的基础上，按批准的设计进行逐个计量。

（2）梯田、植物措施的计量。在每季度的计量工作中，对施工单位自验上报的梯田、林草措施的面积，对于抽查到的图斑采取万分之一地形图应现场勾绘，室内量算面积，对于梯田、果园等面积小于 $1hm^2$ 的地块应逐块丈量面积。最后得出的面积为监理机构确认的面积。

（3）小型水利水保工程措施的计量建议采用水窖抽取上报量的5%、谷坊抽取7%～10%、沟头防护抽取20%、蓄水池抽取10%、引洪漫地抽取50%等进行验收，按合格率进行折算。

（4）生产建设项目水土保持的计量全部按实际完成的工程量审核和确认。

某生产建设项目水土保持渣场土石方开挖总量 $6400m^3$，均是表土剥离；土石方填筑总量约为 $10100m^3$（自然方），均为耕植土回填，其他部位调入 $3700m^3$ 表土回填。监理工程师在审核该工程的计量时应全部按实际完成的工程量审核和确认。

综上所述，工程款支付监理工作程序具体流程如图4-2所示。

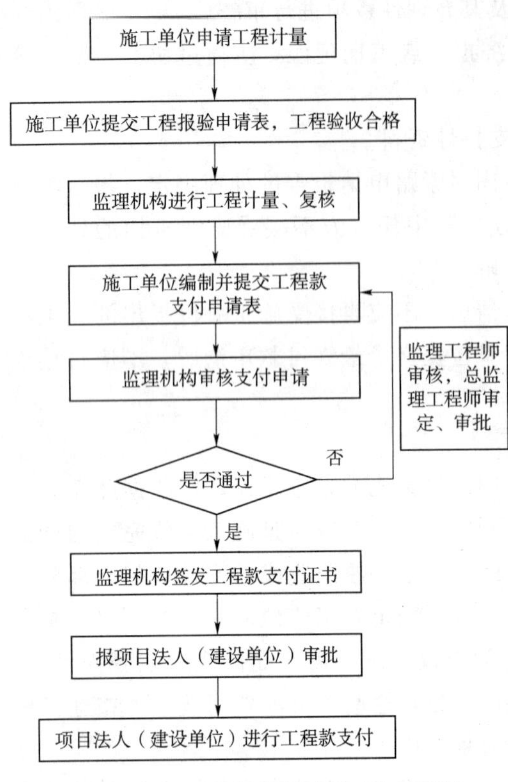

图4-2 工程款支付监理工作程序图

三、施工安全

监理机构应监督施工单位建立健全安全、职业卫生保证体系和安全职业卫生管理制度，对施工人员进行安全卫生教育和培训；应协助项目法人（建设单位）单位进行施工安全的检查、监督；应审查水土保持工程施工组织设计中的施工安全及卫生措施。监理机构应对施工单位执行施工安全及职业卫生法律、法规和工程建设强制性标准及施工安全卫生措施情况进行监督检查，发现不安全因素和安全隐患以及不符合职业卫生要求时，应书面指令施工单位采取有效措施进行整改。若施工单位延误或拒绝整改时，监理机构可责令其停工。

1. 水土保持工程安全生产法律制度

建设工程的安全生产，不仅关系到人民群众的生命和财产安全，而且关系到国家经济的发展、社会的全面进步。水土保持工程属于水利工程建设的一个独立分支，其安全生产法律法规体系依托国家建设工程安全法律法规及水利建设规章、规程以及水土保持工程技术标准规范。

为了加强水利工程建设安全生产监督管理，明确安全生产责任，防止和减少安全生产事故，保障人民群众生命财产安全，并结合水利工程的特点，水利部颁发的《水利工程建设安全生产管理规定》，要求项目法人单位、勘察（测）单位、设计单位、施工单位、建设监理单位及其他与水利工程建设安全生产有关的单位，必须遵守安全生产法律、法规和本规定，保证水利工程建设安全生产，依法承担水利工程建设安全生产责任。

适合水土保持工程建设安全生产的法律法规主要有以下几种：

《中华人民共和国安全生产法》、《建设工程安全生产管理条例》、《水利工程建设安全生产管理规定》、《水利水电工程施工安全管理导则》（SL 721—2015）。

《水利水电工程施工安全管理导则》（SL 721—2015）规定：水利水电工程施工安全管理，是指项目法人或其现场建设管理机构、勘察单位、设计单位、施工单位或其现场机构、监理单位现场机构及其他参与水利水电工程建设的单位，依据法律、法规和标准，履行安全生产责任对水利水电工程施工现场安全生产实施管理，落实安全生产措施，防止和减少施工安全事故，保障人民生命财产安全的行为。

2. 水土保持工程监理单位的安全生产责任

监理单位和监理人员应当按照法律、法规和工程建设强制性标准实施监理，并对水利工程建设安全生产承担安全生产管理职责。监理单位应当审查施工组织设计中的安全技术措施或者专项施工方案是否符合工程建设强制性标准。监理单位在实施监理过程中，发现存在生产安全事故隐患的，应当要求施工单位整改；对情况严重的，应当要求施工单位暂时停止施工，并及时向水行政主管部门、流域管理机构或者其委托的安全生产监督机构以及项目法人（建设单位）报告。

水土保持工程监理单位对施工组织设计和专项施工方案进行审查时，重点审查是否符合工程建设强制性标准要求，对于达不到强制性标准的，应当要求施工单位进行补充完善。施工组织设计中必须包含安全技术措施和施工现场临时用电方案，对基坑支护与降水工程、土方开挖工程、模板工程、起重吊装工程、脚手架工程、拆除、爆破工程等达到一定规模的危险性较大的分部单元工程应当编制专项施工方案。其中水土保持工程中弃渣场专项施工是十分重要的施工方案，因弃渣场施工不当将导致弃渣场失稳垮塌、滑坡、泥石流等事故，监理人员在审查中应引起高度重视。

3. 监理机构的安全职责

水土保持工程安全生产监理是工程建设监理的重要组成部分，是对施工过程中安全生产状况所实施的监督管理。监理单位应在监理大纲和细则中明确监理人员的安全生产监理职责，监理人员应满足水利水电工程施工安全管理的需要。其应履行下列安全生产监理职责：按照法律、法规、规章、制度和标准，根据施工合同文件的有关约定，开展施工安全检查、监督；编制安全监理规划、细则；协助项目法人编制安全生产措施方案；审查安全技术措施、专项施工方案及安全生产费用使用计划，并监督实施；组织或参与安全防护设施、设施设备、危险性较大的单项工程验收；审查施工单位安全生产许可证、三类人员及特种设备作业人员资格证书的有效性；协助生产安全事故调查等。

在编制监理大纲及监理规划时，应明确安全监理目标、措施、计划和安全监理程序，并建立相关的程序文件，根据工程规模、各个分项建设项目和各分包的施工队伍，在调查研究基础上，制定安全监理具体工作及有关程序。督促施工单位落实安全生产的组织保证体系和对工人进行安全生产教育，建立健全安全生产责任制，审查施工方案及安全技术措施。

监理人员必须熟悉国家有关安全生产方针及劳动保护政策法规、标准，熟悉各项工程的施工方法和施工技术，熟悉作业安排和安全操作规程，熟悉安全生产监理业务。监理机构在安全生产监理方面的主要职责有：

按照法律、法规、规章、制度和标准，根据施工合同文件的有关约定，开展施工安全检查、监督；编制安全监理规划、细则；协助项目法人编制安全生产措施方案；审查安全技术措施、专项施工方案及安全生产费用使用计划，并监督实施；组织或参与安全防护设施、设施设备、危险性较大的单项工程验收；审查施工单位安全生产许可证、三类人员及特种设备作业人员资格证书的有效性；协助生产安全事故调查等。

四、职业卫生与环境保护

1. 职业卫生

各参建单位应按照有关法律、法规、规章、制度和标准的要求，为从业人员提供符合职业健康要求的工作环境和条件，配备职业健康保护设施、工具和用品。

各参建单位的主要负责人应对本单位作业场所的职业危害防治工作负责。

施工区内起重设施、施工机械、移动式电焊机及工具房、水泵房、空压机房、电工值班房等应符合职业卫生、环境保护要求；定期对危险作业场所进行监督检查，并做好记录。

施工单位对存在严重职业危害的作业岗位，应设置警示标识、警示说明和报警装置。警示说明应载明职业危害的种类、后果、预防和应急救治措施。

2. 环境保护

监理机构应检查防汛度汛方案是否合理可行，土坝工程的坝体施工原则上不应临汛开工。监理机构应监督施工单位避免对施工区域的植物（生物）和建筑物的破坏。淤地坝等生态工程，还应在工程完工后按设计检查施工单位坝坡植物措施质量、取土场整理绿化及施工道路绿化工作，做好恢复植被。监理机构应监督施工单位按照设计有序堆放、处理或利用弃渣，防止造成环境污染，影响河道行洪能力。工程完工后应督促施工单位拆除施工临时设施，清理现场，做好恢复工作。

五、工程变更

变更是指对施工承包合同所做的修改、改变等，从理论上来说，变更就是施工合同状态的改变。施工承包合同状态包括合同内容、合同结构、合同表现形式等，合同状态的任何改变均是变更。在水土保持工程建设过程中受自然条件等外界的影响较大，工程情况比较复杂，因此，在施工承包合同签订后的实施过程中不可避免地会发生变更。

1. 水土保持工程建设项目施工合同变更

水土保持工程建设项目施工合同变更必须满足以下条件：

（1）监理机构应对工程建设各方依据有关规定和工程现场实际情况提出的工程变更建议进行审查，同意后报项目法人（建设单位）批准。

（2）项目法人（建设单位）批准的工程变更，应由项目法人（建设单位）委托原设计单位负责完成具体的工程变更设计。

（3）监理机构应参加或受项目法人（建设单位）委托组织对变更设计的审查。对一般的变更设计，应由项目法人（建设单位）审批；对较大的变更设计，应由项目法人（建设单位）报原批准单位审批。

（4）监理工程师在接到变更设计批复文件后，应向施工单位下达工程变更指示，并作为施工单位组织工程变更实施的依据。

（5）在特殊情况下，如出现危及人身、工程安全或财产严重损失的紧急事件时，工程变更可不受程序限制，但监理机构仍应督促变更提出单位及时补办相关手续。

2. 工程变更的申请

施工单位提出工程变更，应向监理机构提交变更申请。其内容主要包括：

（1）变更的原因。

(2) 变更的内容与范围。

(3) 变更项目的工程量及费用。

(4) 变更项目的施工方案、施工进度以及对工期目标的影响。

3. 工程变更审查遵循的原则

(1) 项目变更后，不降低工程的质量标准，不影响工程的使用功能及运行与管理。

(2) 工程变更在技术上可行、安全可靠。

(3) 工程变更有利于施工实施。

(4) 工程变更的费用合理，尽量避免合同价格的增加。

(5) 工程变更不对后续施工产生不利影响，尽可能保证合同控制性目标。

4. 变更指示

不论是由何方提出的变更要求或建议，均需经监理机构与有关方面协商，并得到项目法人（建设单位）批准或授权后，再由监理机构按合同规定及时向施工单位发出变更指示。变更指示的内容应包括变更项目的详细变更内容、变更工程量和有关文件图纸以及监理机构按合同规定指明变更处理原则。

监理机构在向施工单位发出任何图纸和文件前，有责任认真仔细检查其中是否存在合同规定范围内的变更。若存在合同范围内的变更，监理机构应按合同规定发出变更指示并抄送项目法人（建设单位）。

六、信息管理

在建设监理工作中，信息是实施监理目标控制的基础，是监理决策的依据，也是监理工程师做好协调组织工作的重要媒介。信息管理的目的是通过有组织的信息流通，使决策者能及时、准确地获得相应的信息，以作出科学的决策。

《水土保持工程施工监理规范》(SL 523—2011) 对信息管理有下列规定：

监理机构应制定包括文档资料、图片及录像资料收集、整编、归档、保管、查阅、移交和保密等信息管理制度，设置信息管理人员并制定相应岗位职责。监理机构应及时收集、分析、整理工程建设中形成的工程准备文件、监理文件、施工文件、竣工图和竣工验收文件等各种形式的信息资料，工程完工后及时归档。监理机构应建立信息采集系统，可在项目所在地聘用信息员，定期或不定期地向监理机构提供工程建设信息。

1. 通知与联络的规定

(1) 监理机构与项目法人（建设单位）和施工单位以及与其他人的联络应以书面文件为准。特殊情况下可先口头或电话通知，但事后应按施工合同约定及时予以书面确认。项目法人（建设单位）与施工单位之间的业务往来，应通过监理单位联络或见证。

(2) 监理机构发出的书面文件，应加盖监理机构公章和总监理工程师或其授权的监理工程师签字或加盖本人注册印鉴。

(3) 监理机构发出的文件应做好签发记录，并根据文件类别和规定的发送程序，送达对方指定联系人，并由收件方指定联系人签收。

(4) 监理机构对所有来往文件均应按施工合同约定的期限及时发出和答复，不应扣压或拖延，也不应拒收。

(5) 监理机构收到政府有关管理部门和项目法人（建设单位）、施工单位的文件，均应按规定程序办理签收、送阅、收回和归档等手续。

(6) 在监理合同约定期限内，项目法人（建设单位）应就监理机构书面提交并要求其做出决定的事宜予以书面答复，超过期限，监理机构未收到书面答复，则视为项目法人（建设单位）同意。

(7) 对于施工单位提出要求确认的事宜，监理机构应在约定时间内做出书面答复，逾期未答复，则视为监理机构认可。

2. 监理日记、报告与会议纪要

监理日记、报告与会议纪要，应符合下列规定：

(1) 监理人员应及时、认真地按照规定格式与内容填写好监理日记。总监理工程师应定期检查。临时工程在监理日记中应有记载或用照片说明。

(2) 监理机构应按合同规定的固定时间，向项目法人（建设单位）、监理单位报送监理报告。

(3) 监理机构应根据工程进展情况和现场施工情况，向项目法人（建设单位）、监理单位报送监理专题报告。

(4) 监理机构应按照有关规定，在各类工程验收时，提交相应的验收监理工作报告。

(5) 在监理服务期满后，监理机构应向项目法人（建设单位）、监理单位提交项目监理工作总结报告。

(6) 监理机构应对各类监理会议安排专人负责做好记录和会议纪要的编写工作。会议纪要应分发与会各方，但不作为实施的依据。监理机构及与会各方应根据会议决定的各项事宜，另行发布监理指示或履行相应文件程序。

3. 建设监理工作常用表格

(1) 建设监理工作常用表格应包括施工单位用表如下：

1) SC1 工程开工报审表。

2) SC2 工程复工报审表。

3) SC3 施工组织设计（方案）报审表。

4) SC4 材料/苗木、籽种/设备报审表。

5) SC5 监理通知回复单。

6) SC6 工程报验申请表。

7) SC7 工程款支付申请表。

8) SC8 费用索赔申请表。

9) SC9 变更申请报告。

10) SC10 工程竣工验收申请报告。

11) SC11 水土保持综合治理工程量报审表。

12）SC12 骨干坝工程量报审表。

（2）建设监理工作常用表格应包括监理机构用表如下：

1）JL1 工程开工令。

2）JL2 监理通知。

3）JL3 工程暂停施工通知。

4）JL4 工程款支付证书。

5）JL5 费用索赔审批表。

6）JL6 工程验收单。

7）JL7 监理工作联系单。

8）JL8 监理日志。

9）JL9 综合治理监理表。

10）JL10 骨干坝监理表。

11）JL11 治理面积现场核实记录表。

12）JL12 林草措施成活率、保存率核查表。

13）JL13 监理资料移交清单。

14）JL14 会议纪要。

4. 档案资料管理的规定

档案资料管理的规定体现在以下几个方面：

（1）监理机构应督促项目法人（建设单位）按有关规定和施工合同约定做好工程资料档案的管理工作。

（2）监理机构应按有关规定及监理合同约定，做好监理资料档案的管理工作并妥善保管。

（3）在监理服务期满后，由监理机构负责归档的工程资料档案应逐项清点、整编、登记造册，向项目法人（建设单位）移交。

在信息管理中，一方面应使指令具有唯一性和对等性；另一方面又应层次精简、信息灵通、管理高效。

信息管理工作的质量好坏，很大程度上取决于原始资料的全面性和可靠性。因此，监理机构应有一套完善的信息收集制度，保证信息采集及时、全面和可靠。建立项目监理的记录，包括现场各专业监理人员日记、巡视记录、旁站监理记录，监理月报，监理工程师对施工单位的指示，工程照片、电子文件，材料设备质量证明文件、样本记录等。如淤地坝工程施工中，施工单位要对工程的原始基准点、基准线和参考标高等工程计量部位进行复测确认，并上报《施工测量成果报验单》，经现场监理工程师审查、复核符合设计要求后进行施工放线，按照施工技术方案组织施工。施工单位对进场原材料（水泥、砂、钢材等）进行复检，并将复检结果报监理审查，按照项目划分结果对单元工程进行质量评定，在单元工程质量评定时按照规范要求进行检测、试验。同时，做好施工纪录，实测资料不得涂改，特别是实测数据，作为原始记录存档备查。

拟用的建设监理工作常用表格见相关规范，例如：监理日志表格见表 4-2。

表 4-2　　　　监　理　日　志

JL8　　监理日志

工程名称：__________　　　　编号：__________

工程地点	______省（自治区、直辖市）______县（旗、市、区）______乡（镇）______村
项目监理机构（章）：__________ 总监理工程师：__________ 日　　期：__________	

说明：本表一式__份，由监理机构填写，按季或年装订成册。

建立会议制度。按照要求，由总监理工程师定期主持召开工地协调会议。并根据工作需要，不定期地召开工地会议，完善会议制度，便于信息的收集、传递。

拟用的建设监理工作常用表格见相关规范，例：拟用的会议纪要表格见表 4-3。

表 4-3　　　　会　议　纪　要

JL14　　会议纪要

工程名称：__________　　　　编号：__________

会议名称			
会议时间		会议地点	
会议主要议题			
组织单位		主持人	
参加单位		主要参加人（签名）	
会议主要内容及结论	项目监理机构（章）：__________ 总/专业监理工程师：__________ 日　　期：__________		

说明：本表由监理机构填写，签字后送达与会单位。全文记录可加附页。

建立报表制度。项目监理部信息管理工程师和专业监理工程师完成各类报表信息的分类、整理、收集、汇总、存储以及传递工作。并按照信息的不同来源和不同的目标建立信息管理系统。

对于工程信息，重在分析、处理，加以利用，以便指导施工，改善和加强工程管理，项目监理部对工程信息采取分析和处理的方法是：

（1）分析收集到的信息的真实性、准确性、全面性。

（2）对工程信息资料归类整理，作数理统计和回归分析。

（3）对工程信息资料进行前后对比，作纵横向比较分析。

（4）对经过分析，确认准确有效的信息资料，及时反馈，指导施工，充分总结信息处理的经验和教训，结合预测，做好施工技术方案的优化改进。

（5）对反馈的处理信息，仍要跟踪监测、检查其对施工指导的实效性。

（6）对信息分析、处理的过程实现制度化、程序化，特别注重时效性。

（7）严格规范信息分析和处理的全过程。

第四节 工程质量控制

水土保持有别于其他类型水利工程，质量控制是为了全面实现水土保持质量目标所采取的作业和技术活动。水土保持工程质量是国家和行业的有关法律、法规、技术标准、设计文件和合同中，对水土保持工程的适用性、耐久性、安全性、可靠性和与环境的协调性等特性的综合要求。水土保持特别是生产建设项目，水土保持措施与主体工程同时设计、同时施工、同时完成，在主体工程施工结束后，水土保持措施也布设到位，因水土保持措施具有专业性，本节重点阐述工程质量控制的相关内容，使监理人员在现场工作中能更好地开展质量控制工作。

一、工程质量控制依据

水土保持工程监理质量控制的依据，除了应按国家颁布的有关工程建设质量的法律法规和规章制度（如《建设工程质量管理条例》《水利工程质量管理条例》）外，还包括以下几方面的内容。

1．国家和行业标准、技术规范、技术操作规程及验收规范

如《水土保持综合治理技术规范》（GB/T 16453.1～6—2008）、《水土保持综合治理验收规范》（GB/T 15773—2008）、《淤地坝技术规范》（SL/T 804—2020）、《生产建设项目水土保持技术标准》（GB 50433—2018），以及相关行业如水利、林业、农业等有关技术规范等。这些都是水土保持工程建设的统一行动准则，包含着各地多年的水土保持建设经验，与质量密切相关，必须严格遵守。

2．已批准的设计文件、施工图纸、设计变更与修改文件

已批准的水土保持工程设计及其相关的附表、附图是监理工程师进行质量控制的依据。监理工程师进行质量控制时，应首先对设计报告及其附表、附图进行审查，及时发现存在的问题或矛盾之处，并提请设计单位修改，及时作出设计变更。监理单位和施工单位要注意研究设计报告及图表的合理性与正确性，以保证设计的完善性和实施的正确性。

3. 已批准的施工组织设计、施工技术措施及施工方案

施工组织设计是施工单位进行施工准备和指导现场施工的规划性文件，它比较详细地规定了施工的组织形式，树种、草种和工程材料的来源和质量，施工工艺及技术保证措施等。施工单位在开工前，必须对其所承担的工程项目提出施工组织设计，报请监理工程师审查。对施工组织设计的审查批准是监理工程师进行质量控制的主要依据之一。

4. 施工承包合同中引用的有关原材料及构配件方面的质量标准

如水泥、水泥制品、钢材、石材、石灰、砂、防水材料等材料的产品标准及检验标准，种子、苗木的质量标准及检验、取样的方法与标准。

5. 施工承包合同中有关质量的条款

监理合同中项目法人（建设单位）与监理单位有关质量控制的权利和义务的条款，施工合同中项目法人（建设单位）与施工单位有关质量保证的权利和义务的条款，各方都必须履行合同中的承诺，尤其是监理单位，既要履行监理合同的质量控制条款，又要监督施工单位履行质量保证条款。

6. 制造厂提供的设备安装说明书和有关技术标准

制造厂提供的设备安装说明书和有关技术标准，是施工安装施工单位进行设备安装必须遵循的重要的技术文件，同样是监理机构对施工单位的设备安装质量进行检查和控制的依据。

二、施工过程的质量控制

1. 质量控制的基本规定

建立和完善质量控制体系是监理机构做好质量控制的基础和保障，质量控制是一个动态控制管理过程，应按照监理工作制度和监理实施细则开展工程质量控制工作，建立健全质量控制体系，随施工过程的变化不断修改、补充和完善；督促施工单位建立健全质量保证体系，并监督其贯彻执行。

质量控制的基本规定包含以下内容：

（1）建立健全质量控制体系，并在监理过程中不断修改、补充和完善；督促施工单位建立健全质量保证体系，并监督其贯彻执行。

（2）对施工质量活动相关的人员、材料、施工设备、施工方法和施工环境进行监督检查。

（3）对施工单位在施工过程中的施工、质检、材料和施工设备操作等持证上岗人员进行检查。没有取得资格证书的人员不应在相应岗位上独立工作。

（4）监督施工单位对进场材料、苗木、籽种、设备、产品质量和构配件进行检验，并检查材质证明和产品合格证。未经检验和检验不合格不应在工程中使用。

（5）复核并签认施工单位的施工临时高程基准点。

2. 水土保持工程质量控制规定

（1）淤地坝、拦渣工程和防洪排导工程施工中，应按照设计要求检查每一道工序，填表记载质量检查取样平面位置、高程及测试成果。应要求施工单位认真做好单元工程质量

评定并经监理人员签字认可，在施工记录簿上详细记载施工过程中的试验和观测资料，作为原始记录存档备查。

淤地坝是在黄土高原水土流失区干、支、毛沟内为控制侵蚀、滞洪拦泥、淤地造田、减少入黄泥沙而修建的水土保持沟道治理工程。其主要建筑物包括坝体、放水建筑物和泄洪建筑物以及与之相关的配套工程。按坝体施工方法可分为碾压坝和水坠坝两大类，按库容可分为大型淤地坝（水土保持治沟骨干工程）、中型淤地坝和小型淤地坝。淤地坝相关质量控制技术及施工要求参照《水土保持工程设计规范》（GB 51018—2014）、《淤地坝技术规范》（SL/T 804—2020）执行。

水利水电工程在施工和生产运行中，原地表损坏，取料、弃土、弃石和弃渣，易遭受洪水危害时，需布设防洪排导工程，可根据建设项目的具体情况，采取拦洪坝、排洪渠（沟）、涵洞、防洪堤、护岸护滩和泥石流治理等工程措施。

拦渣工程可分为拦渣堤、拦渣坝、拦渣墙、排洪工程，建筑物级别按弃渣场级别确定，防洪标准应根据相应建筑物级别、弃渣场防护工程标准确定，拦渣堤还应满足河道管理和防洪要求。

（2）淤地坝、拦渣工程和防洪排导工程基础开挖与处理的质量控制，应重点检测下列内容：

1）坝基及岸坡的清理位置、范围、厚度，结合槽开挖断面尺寸。

2）溢洪道、涵洞、卧管（竖井）及明渠基础强度、位置、高程及开挖断面尺寸和坡度。

3）石质基础中心线位置、高程、坡度、断面尺寸、边坡稳定程度。

淤地坝、拦渣工程和防洪排导工程基础开挖应对照施工放样图，对基础及暗坡的清理位置、范围、厚度进行复核。

（3）坝（墙、堤）体填筑的质量控制，应重点检测下列内容：

1）土料的种类、力学性质和含水量，水泥、钢筋、砂石料、构配件等材料的质量及生产合格证书。

2）碾压坝（墙、堤）体的压实干容重（或沙壤土干密度）及分层碾压的厚度，以及水坠坝边埂的铺土厚度、压实干容重。

3）碾压坝（墙、堤）体施工中有无层间光面、弹簧土、漏压虚土层和裂缝，施工连接缝及坝端连接处的处理是否符合要求。

4）水坠坝边埂尺寸、泥浆浓度、冲填速度。

5）混凝土重力坝（墙、堤）混凝土标号、支模、振捣及拆模后外观质量，以及后期养护情况。

6）坝（墙、堤）体断面尺寸，考虑填筑体沉陷高度的竣工坝（墙、堤）顶高程。

7）防渗体的形式、位置、断面尺寸及土料的级配、碾压密实性、关键部位填筑质量。

碾压坝坝体填筑土料含水量应按最优含水量控制，碾压施工应沿坝轴方向铺土，厚度均匀，每层铺土厚度不超过 0.25m，压迹重叠应达到 0.1～0.15m。在碾压坝（墙、堤）体施工中，若采用大型机械，首先要检查碾压机具规格、质量、振动碾振动频率、激振力，气胎压力等。其铺土厚度应根据土壤性质、含水量、最大干密度、压实遍数、机械吨位等经试验确定，压实后土壤干容重应根据压实度进行控制。

水坠坝是利用水力和重力将高位土场土料冲拌成一定浓度的泥浆，引流到坝面，经脱水固结形成的土坝，又称水力冲填坝。施工中，边埂、沙壤土边坡应采用碾压法修筑，其外边坡坡度应与坝坡一致，内边坡坡度宜采用休止坡。边埂高度应根据土料性质和每次冲填层厚度确定，高出冲填层泥面0.5～1.0m。

（4）反滤体质量控制，应重点检测下列内容：

1）结构形式、位置、断面尺寸、接头部位和砌筑质量。

2）反滤料的颗粒级配、含泥量，反滤层的铺筑方法和质量。

（5）坝（墙、堤）面排水、护坡及取土场的质量控制，应重点检测下列内容：

1）坝面排水沟的布置及连接。

2）植物护坡的植物配置与布设。

3）取土场整治。

4）墙（堤）体及上方与周边来水处理措施与排水系统的完整性。

（6）溢洪道砌护质量控制，应重点检测下列内容：

1）结构形式、位置、断面尺寸、接头部位。

2）石料的质量、尺寸。

3）基础处理。

4）水泥砂浆配合比、混凝土配合比、拌和物质量、砌筑方法及质量。

溢洪道浆砌石工程的外形尺寸应符合设计要求，铺浆必须全面、均匀，无裸露石块。浆砌石砌缝宽度，粗料石为1.5～2.0cm，块石（毛料石）为3.0cm。勾缝缝面必须单独清洗干净，无残留灰渣和积水，并保持缝面湿润。清缝深度水平缝不小于3cm，竖缝深度不小于4cm。

石料应完整，质地坚硬，不得有剥落层和裂纹。

a. 毛石：无一定规格形状，单块重量宜大于25kg，中部或局部厚度不宜小于20cm。

b. 块石：外形大致呈方形，上、下两面基本平行且大致平整，无尖角、薄边，块厚不宜大于20cm。毛石、块石最大边长（长、宽、高）不宜大于100cm。

c. 粗料石：应棱角分明，六面基本平整，同一面最大高差不宜大于石料长度的3%，石料长度宜大于50cm，宽度、高度不宜小于25cm。

（7）放水（排洪）工程质量控制，应重点检测下列内容：

1）排洪渠、放水涵洞工程形式、主要尺寸、材料及施工工艺。

2）混凝土预制涵管接头的止水措施，截水环的间距及尺寸，涵管周边填筑土体的夯实；浆砌石涵洞的石料及砌筑质量。涵管或涵洞完工后的封闭试验。

3）浆砌石卧管和竖井砌筑方法、尺寸、石料及砌筑质量，明渠及其与下游沟道的衔接。

4）现浇混凝土结构钢筋绑扎、支模、振捣及拆模后外观质量，以及后期养护情况。

混凝土预制涵管接头的止水措施，截水环的间距及尺寸，涵管周边填筑土体的夯实，浆砌石涵洞的石料及砌筑质量，以及涵管或涵洞完工后的封闭试验。放水涵管砌筑应根据涵管每节的长度，在两管接头处预留接缝套管位置，涵管应由一端依次逐节向另一端套装，接头缝隙应采用沥青麻刀填充，表面用3∶7石棉水泥盖缝。预制管安装完成后应进行渗漏检查，灌水试验时涵洞要承受设计最大的水压或在涵洞内放浓烟，发现漏水、漏烟处，应用水泥砂浆或沥青麻刀进行封堵。

(8) 基本农田工程质量控制，应重点检测下列内容：

1) 水平梯（条）田、隔坡梯田和水浇地、水田的田面宽度、平整度，田埂高度、坚固性，坎坡坡比。

2) 坡式梯田田埂顶部的水平度及地中集流槽内的水簸箕等分流措施。

3) 引洪漫地渠道的位置、断面尺寸与坚固性。

梯田修筑应埂、坎齐全；土坎分层夯实，坎面拍光；石坎砌石要自下而上错缝竖砌，大块封边，表面平整。田面平整，田面净宽应根据梯田工程级别提出初步指标，田面宽度北方小于6m、南方小于4m时宜配置灌草植物。隔坡梯田的田面宽度与隔坡段水平投影宽度比及隔坡段治理应符合设计要求。

引洪漫地主要适用于干旱、半干旱地区的多沙输沙区，应根据洪水来源，分坡洪、路洪、沟洪、河洪四类。渠道总体布局符合设计要求，引洪渠首、渠系及田间工程应配套。引洪渠首工程（截水沟、拦洪坝等）按设计施工，工程设施完好无损，能满足拦（引）洪要求。渠道断面和比降符合设计要求，引洪过程中没有明显的冲刷和淤积。田间工程应按缓坡区梯田要求进行平整，比降宜为0.5%～1.0%，田块中不应有大块石砾及明显凹凸部位。田坎四周的蓄水埂密实，田边蓄水梗埂高应能满足一次漫灌的最大水深，超高宜为0.3m。洪水能迅速、均匀地淤漫全部地块。

(9) 造林工程质量控制，应重点检测下列内容：

1) 苗木的生长年龄、苗高和地径。

2) 起苗、包装、运输和储藏（假植）。

3) 苗木根系完整性，苗木标签、检验证书，外调苗木的检疫证书。

4) 育苗、直播造林所用籽种纯度、发芽率，质量合格证及检疫证。

5) 造林的位置、布局、密度以及配置。

6) 整地的形式、规格尺寸与质量。

7) 施工工艺方法。

8) 质量保证期的抚育管理。

9) 造林成活率。

造林工程施工中，应该按照设计检查林种、林型、树种和造林密度、整地形式是否适合立地条件；应检测各类树种配量比例大小（混交比例）和树苗质量与施工质量，并详细记载质量检查取样平面位置及抽样结果。

造林整地是影响植物措施成活及长势的重要环节，整地工程的填方土埂，应分层夯实或踩实。整地开挖应将表土堆置一旁，底土做埂，挖好后表土回填。带状整地应沿等高线进行，施工前用水准仪测量定线，保证水平，每条带每5～10m修一高2.0m左右土埂。

树种及造林密度应符合设计要求。定植穴宽度、深度应大于苗木根幅和根长，栽植时苗木应栽正扶直，深浅适宜，根系舒展。填土应先填表土湿土，后填心土干土，分层覆盖，分层踩实，表面覆盖一层虚土。在多年平均降水量大于400mm的地区造林成活率应不小于85%，多年平均降水量小于400mm的地区造林成活率应不小于70%。

（10）种草工程在施工中应对照设计，逐片观察，分清荒地或退耕地长期种草与草田轮作中的短期种草，应按设计图斑分别做好记载，合理认证数量。重点检测整地翻土深度，观察耕磨碎土的情况，查看是否达到“精细整地”要求。应在规定抽样范围内取2m×2m样方测试种草出苗和生长情况。

种子质量等级应达到国家或省级规定质量等级标准三级以上。整地规格符合设计要求；整地深度应达到20cm左右。播种密度符合设计要求。播种深度大粒种3～4cm，小粒种1～2cm，播种后应镇压。成苗数不应小于30株/m^2。

（11）生态修复工程施工中，应按照设计要求检查围栏、标志牌位置，结构尺寸、施工质量和数量，应按照设计内容检查管理、管护制度和政策措施的实施情况与效果；应依据典型设计与相关专业技术规范检测辅助治理措施的质量水平。

（12）封禁治理的质量控制，应重点检测以下内容：

1）封禁区周边标志，管护人员，制度。

2）补植、平茬复壮和修枝疏伐。

3）围栏、圈舍和沼气池等设施设计批复的内容。

封禁治理是利用植物的自然繁殖和生长能力，辅以补植、抚育、以电代柴、沼气池、节柴灶、生态移民等人工促进手段，促进和恢复区域林草植被的植物措施。

（13）道路工程质量控制，应重点检测下列内容：

1）路面硬化材料、厚度、宽度与施工工艺。

2）路基边坡的稳定性、坚固性和路旁绿化等保护措施。

3）排水工程、边沟的断面尺寸、坡降与排水系统的畅通性。

（14）沟头防护工程的质量控制，应重点检测下列内容：

1）工程布设、结构尺寸及规格。

2）埂坎密实度。

蓄水式工程沟埂顺沟沿线等高建筑，土埂距沟头（沿）的距离不小于3m，蓄水池距沟头的距离不小于10m。蓄水式工程沟埂内每5～10m设一小土挡；排水时工程引水渠、挑流槽（支柱）、消能设施等配套完善。蓄水式工程沟埂按要求进行清基分层夯实，排水时工程各构建与地面及岸坡结合稳固，免受暴雨冲刷。

（15）小型淤地坝工程质量控制，应重点检测下列内容：

1）建坝顺序、坝址位置、形式和规模尺寸。

2）筑坝土料的种类、性质和含水量；铺土厚度和压实密度。

3）坝体施工中有无层间光面、弹簧土层、漏压虚土层和裂缝，施工坝端连接处的处理是否符合要求。

（16）谷坊工程的质量控制，应重点检测下列内容：

1）工程布设和结构尺寸。

2）填筑土料、石料和柳桩等材料的质量。

3）土、石谷坊的清基与结合槽开挖。

4）填筑质量。

谷坊布设应修建在沟底比降5%～15%，沟底下切剧烈发展的沟段。按“顶底相照”原则从下而上布置谷坊。土、石谷坊施工前应按要求进行清基。土谷坊还应开挖接合槽。土谷坊应分层夯实，每层填土前先将坚实土层刨毛3～5cm，每层铺土厚度不超过30cm；石谷坊砌筑应从下而上分层、错缝砌筑，砂浆灌缝；柳谷坊应选择活柳枝。芽眼向上垂直打入沟底，各排桩呈“品”字形错开，柳梢编篱，底部用枝铺垫，各排桩之间或上游底部用石块或编织土袋填压。

（17）水窖、涝池工程的质量控制，应重点检测下列内容：

1）布设位置。

2）集流场、沉沙池、拦污栅以及进水管等附属设施。

3）窖（池）体防渗措施。

水窖宜布设在村庄道路旁边，有足够地表径流汇流的区域。涝池宜沿道路分散布设。

（18）渠系工程质量控制，应重点检测下列内容：

1）布设位置、比降、过水断面粗糙度及边坡稳定性。

2）断面形式、结构尺寸、衬砌的材料与砌筑质量、关键部位的处理措施。

（19）塘堰工程质量控制，应重点检测下列内容：

1）坝址位置、结构形式及规模尺寸。

2）坝基及岸坡的清理位置、范围、深度，结合槽开挖断面尺寸。

3）石料的质量、尺寸，水泥砂浆配合比。

4）砌筑方法及质量。

应清除沟底与岸坡淤泥、乱石等杂物，直至原状土基或基岩。塘堰清淤整治后，正常蓄水深度一般应大于2m。坝体用料石逐层向上浆砌，要求料石尺寸均匀一致，错缝搭砌筑，坐浆饱满。塘坝中部设溢水口，结构尺寸符合设计要求。

（20）护岸护滩工程质量控制，应重点检测下列内容：

1）护岸护滩选型的合理性、布设位置、工程高度以上与地形的衔接。

2）坡式护岸的材料与工程力学性能，护坡脚工程的做法与施工工艺。

3）坝式护岸护滩的形式、位置、主要尺寸、坝轴线与水位水流的影响关系。

4）墙式护岸的形式、材料及性能、断面尺寸、细部构造及墙基嵌入河床的深度、结构及稳定性。

5）清淤清障的范围、障碍物的种类与堆积量、清淤清障进度安排与作法。

（21）坡面水系治理工程质量控制，应重点检测下列内容：

1）截（排）水沟位置、断面尺寸与比降、过流能力、施工质量及出口防护措施。

2）蓄水池与沉沙池布设位置、池体尺寸、容量、池基处理及衬砌质量。

3）引水及灌水渠总体布设合理性、建筑物组成与断面尺寸、过流能力、基础及边坡处理和施工质量。

（22）泥石流防治工程质量控制，应重点检测下列内容：

1）在地表径流形成区，主要检测各种治坡工程和小型蓄排工程的配置、规模尺寸和防御标准。

2）在泥石流形成区，主要检测各种巩固沟床、稳定沟坡工程，特别是各防治滑坡工程的规模、质量、安全稳定性及防御标准。

3）在泥石流流过区，主要检测修筑栏栅坝的材料力学性能、构造尺寸、桩林的密度与埋深，拦挡设施的功能与技术要求。

4）在泥石流堆积区，主要检测停淤工程类型与布设位置，排导槽的断面尺寸和比降，渡槽的断面尺寸、比降、槽身长度和渡槽建筑物组成与技术性能。

（23）斜坡护坡工程质量控制，应重点检测下列内容：

1）土质坡面的削坡开级的适用条件、形式、断面尺寸（削坡后的坡度、台阶的高度、宽度等）与稳定性；石质坡面削坡开级坡度、齿槽与排水沟或渗沟尺寸；坡脚坡面防护措施及其功能。

2）干砌石、浆砌石、混凝土护坡采用形式、条件、断面尺寸、材料组成和技术要求。

3）工程护坡所处地段水流冲刷与地形条件，选择的材料，施工工艺、截（排）水措施及防护功能。

4）植物护坡地形地质条件与选用形式、采用种植方式和林型。

5）综合护坡的选用条件、材料与技术要求，结合部位处理措施。

（24）土地整治工程质量控制，应重点检测下列内容：

1）土地整治工程与坑凹回填工程布局、规模与方法。

2）场地整治利用方向、工程措施布设的数量、规模尺寸和质量。弃土（石、渣）场、取土（石、料）场改造后形成坡面的稳定性。

3）地表排水、地下排水工程、地表引水工程、地下引水工程的布设、规模尺寸与材料。

4）土地恢复适宜性、开发利用的合理性与用途。

（25）降水蓄渗工程质量控制，应重点检测下列内容：

1）水平阶的地面坡度、坡面宽、阶面反坡坡度与阶间距。

2）水平沟的间距及断面尺寸。

3）窄梯田的间距、田宽、田边蓄水埂断面尺寸。

4）鱼鳞坑长径、短径及埂高，坑的行距与穴距。

（26）径流拦蓄工程质量控制，应重点检测下列内容：

1）蓄水工程的分布与容量。

2）引水工程和灌溉工程的线路布设位置、断面尺寸及技术要求。

（27）临时防护工程质量控制，应重点检测下列内容：

1）拦挡形式、规模和防洪标准。

2）沉沙池功能、位置、容量和构造。

3）排水沟（渠）、暗涵（洞）、临时土（石）方挖沟的标准、规模和特征尺寸。

4）覆盖用土工布、塑料布、草、树枝的数量、规模和质量。

（28）植被建设工程施工中应按照设计要求检查每一道工序，应要求施工单位详细记载施工过程。根据不同情况在监理合同中约定工程质量控制与检测的具体方法。生产建设项目区内及周边的水土保持林草，应按照（11）条、（12）条和（25）条控制。

（29）有绿化美化功能的植被建设工程质量控制，应重点检测下列内容：

1）植被工程环境条件与绿化技术要求。

2）风景林的疏密配合程度、草地、林间小路、园林小区的位置与规模。

3）绿篱树种、园林要求与规模，花坛、花墙等景观措施的布设位置与规模。

4）草坪布局、草种与种植的技术要求。

植被建设工程布设于工程扰动占压的裸露土地以及工程管理范围内未扰动土地，主要包括弃渣场、料场及各类开挖填筑扰动面，工程永久办公生活区，未采取复耕措施的施工生产生活区、施工道路等临时占地区，移民集中安置及专项设施修复（改）建区。

（30）防风固沙工程质量控制，应重点检测下列内容：

1）防风固沙工程所处地域特征、布局与形式、适用条件。

2）植物固沙布设位置和形式、适用的材料、施工的方法和质量。

3）防风固沙林带的布局合理性、林带走向、宽度、树种、林型、株行距和成活率。

4）工程固沙各项措施配置，引水渠、蓄水池、冲沙壕的主要尺寸与拉沙效果，造出田面水平程度与采用的耕作措施。

沙地、沙漠和戈壁等风沙区建设的水利水电工程，应采取防风固沙措施。在流动沙丘和半固定沙丘地区，风沙对工程运行安全造成危害的，应在周边布设防风固沙带，配置配套灌溉措施。年平均降水量250mm以下地区，扰动或占压区域宜采取自然恢复或人工辅助的植被恢复措施。

引水拉沙造地适用于有水源且地面沙土覆盖层较厚的风沙地区，河流滩地的整沙造地工程。田块应按高程由下至上依次布设，保持长边与等高线平行，长度宜小于200m，宽度宜小于100m。

三、工程质量控制点的设置

1. 工程质量监理控制点的设置原则

在水土保持工程建设中，特别是工程措施，如治沟骨干坝、拦渣坝、坡面水系工程，在建设时必须设置工程质量监理控制点，并按照以下原则进行。

（1）关系到工程结构安全性、可靠性、耐久性和使用性的关键质量特性、关键部位或重要影响因素。

（2）有严格工艺要求，对下道工序有严重影响的关键质量特性、部位。

（3）对质量不稳定、出现不合格品的项目。

如某水土保持工程主体设计中共规划了2处渣场，1号渣场设置在山体凹沟，位于引水进口附近，属于沟道型渣场，规划在沟道内设3m×2m的箱涵过流，箱涵上部弃渣堆置。2号渣场设置在坡耕地上，位于施工支洞附近，属于坡地型渣场，但本地块内有一条沟渠通过，为了集中堆渣，沿着公路布设一条排水梯形渠。监理的工程质量控制点应设在两处渣场的箱涵和梯形渠位置。这两处控制点关系到本工程结构安全性、可靠性、耐久性和使用性。

2. 设置质量控制点的步骤

（1）结合质量管理体系文件和工程实际情况，在质量计划中对特殊过程、关键工序和需要特殊控制的主导因素充分界定。

（2）由工程技术、质量管理等部门分别确定本部门所负责的质量控制点，然后编制质量控制点明细表，并经批准后纳入质量体系文件中。

（3）编制质量控制点流程图。在明确关键环节和质量控制的基础上，要把不同的质量控制点根据不同的流程阶段分别编制质量控制点流程图。

（4）编制质量控制点作业指导书。根据不同的质量控制点的特殊质量控制要求，编制出工艺操作程序或作业指导书，以确保质量控制工作的有效性。质量控制点设置不是永久不变的。某环节的质量不稳定因素得到了有效控制处于稳定状态，该控制点就可以撤销；而当别的环节、因素上升为主要矛盾时，还需要增设新的质量控制点。

3. 工程质量监理控制点的设置

从理论上讲，要求监理工程师对施工全过程的所有施工工序和环节都能实施检验，以保证施工的质量。如淤地坝、拦渣坝工程的主要工艺流程为：施工准备—清基削坡—放水建筑物基础开挖—放水建筑物施工—坝体施工—收尾工程—验收移交。然而在工程实践中，有时难以做到这一点。为此，监理机构应在工程开工前，根据质量检验对象的重要程度，将质量检验对象区分为质量检验见证点和质量检验待检点，并实施不同的操作程序。

（1）见证点。所谓见证点，是指施工单位在施工过程中达到这一类质量检验点时，应事先书面通知监理机构到现场见证，观察和检查施工单位的实施过程。在监理机构接到通知后不能在约定时间到场的情况下，施工单位有权继续施工。质量检验见证点的实施步骤如下：

1）监理机构应注明收到见证通知的日期并签字。

2）如果在约定的见证时间内监理工程师未能到场见证，施工单位有权进行该项工程的施工。

3）如果在此之前，监理工程师根据对现场的检查，并写明其他意见，则施工单位在监理工程师意见的旁边，应写明根据上述意见已经采取的改正行动，或者其他可能的某些具体意见。

监理工程师到场见证时，应仔细观察、检查质量检验点的实施过程，并在见证表上详细记录，说明见证的名称、部位、工作内容、工时等情况，并签字。该见证表还可以作为施工单位进度款支付申请的凭证之一。

（2）待检点。对于某些更为重要的质量检验点，必须要在监理工程师到场监督、检查的情况下施工单位才能进行检验。这种质量检验点称为待检点。作为待检点，施工单位必须事先书面通知监理工程师，并在监理工程师到场进行检查监督的情况下，才能进行检测。

待检点和见证点执行程序的不同，就在于质量检验见证点的实施步骤 3)。即如果在到达待检点时，监理工程师未能到场，施工单位不得进行该项工作。事后监理工程师应说明未到现场的原因，然后双方约定新的检查时间。

监理工程师应针对工程项目质量控制的具体情况及施工单位的施工技术力量，选定哪些检验对象是见证点，哪些应作为待检点，并将确定结果明确通知施工单位。

综上所诉，施工阶段质量控制具体流程如图 4－3 所示。

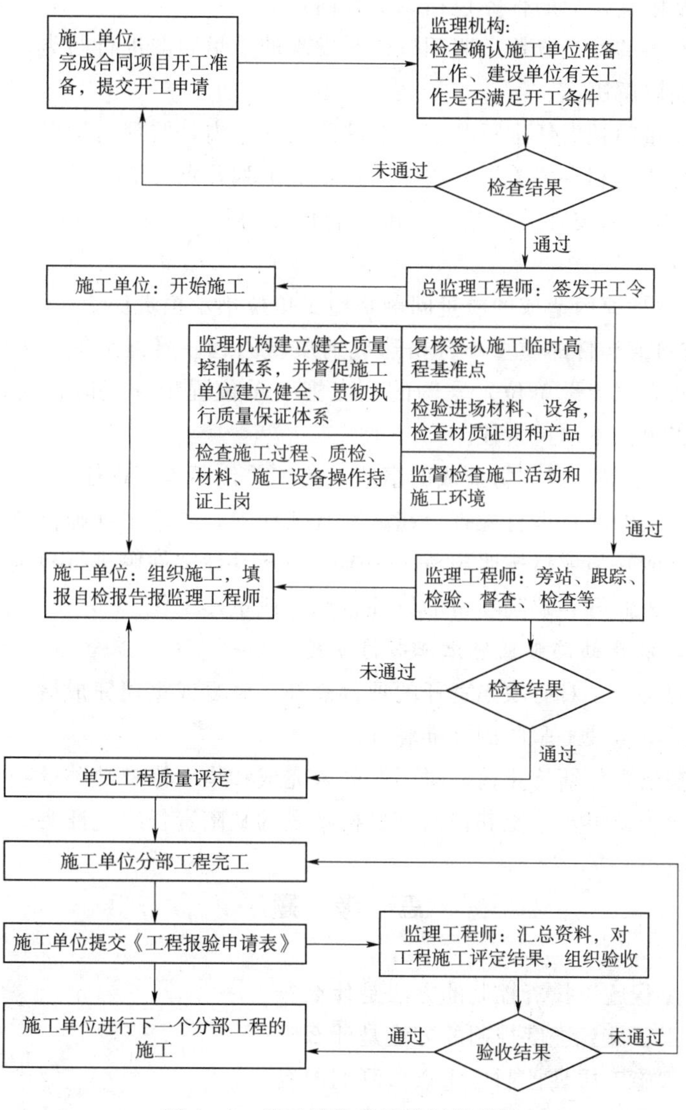

图 4－3　施工阶段质量控制流程图

四、缺陷责任期质量控制

1. 缺陷责任期施工单位的质量责任

缺陷责任期又称质保期。缺陷责任期一般从交接证书列明的实际竣工日期开始计算，时间长短按合同约定执行。水土保持工程建设项目缺陷责任期的工程质量责任，主要包括施工单位植物措施成活率没有达到设计要求的进行补植，对有缺陷的工程措施进行修补等。

施工单位在缺陷责任期终止前，应尽快完成监理机构交接书上列明的、在规定之日要完成的内容，以使工程尽快符合设计和合同的要求。

2. 缺陷责任期监理机构控制的任务

监理机构在缺陷责任期的任务包括以下方面：

(1) 对工程质量的检查分析。监理机构对发现的质量问题进行归类，并及时将有关内容通知施工单位加以解决。

(2) 对工程质量问题责任进行鉴定。在缺陷责任期内，监理机构对工程遗留的质量问题，认真查对设计资料和有关竣工验收资料，根据下列几点分清责任。

1) 凡是施工单位未按有关规范、标准或合同、协议、设计要求施工，造成的质量问题由施工单位负责。

2) 凡是由于设计原因造成的质量问题，施工单位不承担责任。

3) 凡是因材料或构件的质量不合格造成的质量问题，属施工单位采购的，由施工单位负责；属项目法人（建设单位）采购的，当施工单位提出异议时，项目法人（建设单位）坚持的，施工单位不承担责任。

4) 因干旱、洪水等自然灾害造成的事故，施工单位不承担责任。

(3) 对修补缺陷的项目进行检查。在缺陷责任期内，监理工程师仍要像控制正常工程一样，及时对修补的缺陷项目按照规范、标准、合同设计文件等进行检查，抓好每一个质量环节的质量控制，做好有缺陷项目的修补、修复或重建工作。

3. 修补项目验收和缺陷责任终止证书的签发

施工单位按照要求，对有缺陷责任的项目修补、修复或重建完成后，监理机构应及时组织验收。验收可参考竣工验收的标准和方法。

施工单位在缺陷责任期终止前，对列明的未完成和指令修补缺陷的项目全部完成后并经监理机构检查验收认可，才能获得监理机构签发的缺陷责任终止证明。

思考题

1. 水土保持工程施工投资控制的方法是什么？
2. 水土保持工程施工进度控制的方法是什么？
3. 简述淤地坝施工质量控制应重点检测的内容。
4. 水土保持工程施工质量控制的依据是什么？
5. 水土保持工程施工质量控制的方法是什么？
6. 水土保持工程项目开工前，监理机构应检查施工单位的哪些条件？
7. 简述水土保持工程施工质量控制的程序与方法。

第五章　水土保持工程质量评定与验收

水土保持生态建设工程已纳入了基本建设管理程序。按《中华人民共和国水土保持法》的规定，生产建设项目的水土保持工程要与主体工程同时设计、同时施工、同时投产使用，要求强化水土保持工程的施工管理，并重视质量评定与验收工作。

在国家和行业的有关法律、法规、技术标准、设计文件和合同中，对水土保持工程的适用性、耐久性、安全性、可靠性和与环境的协调性等特性进行综合要求。工程质量评定是以质量检验结果为依据，按照相关评定规程规定的程序确定工程质量等级的活动。监理工程师提出的工程质量评估意见或报告，是各级质量监督机构核定质量等级的基础。工程质量评定是对工程质量全过程、系统的监控。质量评定从工程开工建设起就开始进行，针对工程的每一个组成部分、每一个施工工序、每一项完工项目，都要进行质量评定，以判断上阶段完成的工程是否合格，能否进入下阶段施工。监理工程师则是整个质量控制过程的重要把关者。工程验收是在工程质量评定的基础上，依据一个既定的验收标准，采取一定的手段，来检验工程产品是否满足验收标准的过程。

为加强水土保持工程的质量管理，保证工程施工质量，统一质量检验及评定方法，实现施工质量评定标准化、规范化，水利部于2006年3月31日颁发了《水土保持工程质量评定规程》(SL 336—2006)，并于2006年7月1日起实施。本章部分内容章节按最新的法律法规、标准规范进行介绍，便于水土保持监理人员掌握并应用。

第一节　水土保持工程项目划分

水土保持工程在进行工程质量评定前，首先要进行工程项目划分。

一、水土保持工程项目划分的一般规定

水土保持工程项目划分应根据工程结构特点、施工组织及施工合同要求确定，划分结果应有利于保证施工质量和施工质量管理。生产建设项目水土保持工程的项目划分应根据主体工程及其水土保持工程建设特点，与主体工程的项目划分相衔接，并纳入主体工程项目划分中统一编号。水土保持工程质量评定应分为单位工程、分部工程、单元工程三个等级。单位工程是由一种措施独立发挥功能，或多种措施组合发挥功能的综合体。分部工程是单位工程的组成部分，是按工程组成或工程部位等划分的工程。单元工程是分部工程中按工程的组成（或材料）、工序施工完成的最小综合体，是日常质量考核的基本单位。

水土保持工程项目划分应在工程开工前，由项目法人（建设单位）组织监理、设计及施工等单位确定，并确定重要隐蔽单元工程和关键部位单元工程。重要隐蔽工程是指对水

土保持工程建设和安全运行有较大影响的基础开挖、隧洞、坝基防渗、加固处理、地下排水工程和弃渣场基底处理工程等。工程关键部位是对工程安全和效益有显著影响的部位。

水土保持生态建设工程项目划分结果应由项目法人（建设单位）在工程开工前上报工程质量监督机构备案；生产建设项目水土保持工程项目划分结果应纳入主体工程项目划分结果一并上报，项目划分发生变更时应按有关程序规定备案。

二、水土保持生态建设工程项目划分原则

（一）单位工程划分原则

（1）按建设程序单独批准立项的小流域综合治理工程，宜将一条小流域作为一个单位工程；对多条侵蚀沟道治理、多条崩岗治理的立项项目，宜将一个项目作为一个单位工程。

（2）大中型淤地坝工程，宜将每座淤地坝作为一个单位工程。

（3）造林种草、坡耕地治理、小型水利水保工程、防风固沙工程等作为专项工程时，原则上宜划分为一个单位工程，也可根据实施单元划分为多个单位工程。

（二）分部工程划分原则

（1）小流域综合治理单位工程可划分为淤地坝（或拦沙坝）工程、坡耕地治理工程、造林工程、种草工程、水蚀坡林地治理、封禁治理、小型水利水保工程、防风固沙工程等分部工程。

（2）大中型淤地坝单位工程可划分为基础处理、坝体填筑、放水建筑物、坝体与坝坡排水防护、溢洪道等分部工程。小型淤地坝和拦沙坝单位工程可根据工程规模和结构简化合并。

（3）造林种草工程作为专项工程时，可划分为造林工程（含经果林）、种草工程、水蚀坡林地治理、封禁治理、苗圃工程等分部工程。实际划分中可根据工程招标和实施单元情况合并简化。

（4）坡耕地治理作为专项工程时，可划分为坡耕地治理工程、田间道路工程、坡面水系工程、灌溉工程等分部工程。实际划分中可根据工程招标和实施单元情况合并简化。

（5）小型水利水保单位工程作为专项工程时，可划分为小型蓄水工程（水窖、涝池、塘堰）、小型人工湿地、护地堤（岸）工程、支毛沟治理工程（谷坊、沟头防护工程）等分部工程。

（6）防风固沙工程作为专项工程时，可根据工程招标和实施单元划分为若干分部工程。

（7）侵蚀沟和崩岗治理作为专项工程时，可根据工程招标和实施单元，将每个侵蚀沟或崩岗划分为一个分部工程。

（8）涉及其他工程的可参照相关规程、规范和其他行业标准执行。

（三）单元工程划分原则

（1）土石方开挖按段、块或部位划分。

（2）土方填筑按层、段或部位划分。

（3）砌筑、浇筑、安装工程按施工段或施工方量划分。

（4）坡耕地治理、造林工程（含经果林）、种草工程、防风固沙工程等按图斑划分，图斑可根据小斑面积大小进行合并拆分。

（5）水窖、涝池、塘堰等小型工程按单个建筑物划分。

（6）小型人工湿地等工程可按工程组成划分。

（7）水土保持生态建设工程项目划分应参照表5-1～表5-2执行，并可结合相关批复文件、工程招标和实施单元安排适当调整。

表5-1　常用水土保持生态建设工程（单项或专项）划分表

单位工程	分部工程	单元工程名称	备　注
大中型淤地坝（或拦沙坝）	基础处理	土质坝基及岸坡清理	
		石质坝基及岸坡清理	
		土质沟槽开挖及基础处理	
		石质沟槽开挖及基础处理	
		石质平洞开挖	
	坝体填筑	土坝机械碾压	
		水坠法填土	
		坝体砌筑（浆砌石）	
	放水建筑物	卧管	
		涵管	
		竖井	
		明渠	
		消力池	
		海漫	
	坝体与坝坡排水防护	坝坡防护	
		反滤体铺设	
		坝坡排水	
	溢洪道	基础开挖与处理	
		水泥土垫层（或3∶7灰土垫层）	
		溢洪道修筑	
		土方回填	
造林种草	造林	造林（含经果林）	
		等高植物篱	
	种草	种草	
	水蚀坡林地治理	枯木穴	
		条田	
	封禁治理	疏林补植	
		封禁治理	
	苗圃	树种	单元工程可根据树种分类

续表

单位工程	分部工程	单元工程名称	备注
坡耕地治理	坡耕地治理工程	土坎梯田	
		石坎梯田	
		其他梯田工程	
		垄向区田	
		水浇地水田	
		引洪漫地	
	田间道路工程	路基修筑	
		路面铺筑	泥结碎石路、砂石（土质）路面、混凝土路面
		边坡防护工程	
		排水沟（渠）	
		行道树或绿化带	
坡耕地治理	坡面水系工程	截（排）水沟	
		蓄水池	
		渠道	
	灌溉工程	管道沟槽开挖（回填）	沟槽开挖、沟槽回填
		管道安装	钢管安装、塑料管安装
		管道敷设	
		阀门井、检查井	
		水源井工程	机井、大口井
小型水利水保工程	小型蓄水工程	水窖	
		涝池	
		塘堰	
	小型人工湿地	小型人工湿地	
	护地堤（岸）工程	基础与坡面修整	
		护岸（坡）	
		护地堤（坝）	
	支毛沟治理工程	土谷坊	
		干砌石谷坊	
		浆砌石谷坊	
		铅丝石笼谷坊	
		植物谷坊	
		沟头防护	
防风固沙工程	防风固沙	植物固沙	
		工程固沙	

续表

<table>
<tr><th>单位工程</th><th>分部工程</th><th colspan="2">单元工程名称</th><th>备　　注</th></tr>
<tr><td rowspan="6">侵蚀沟治理
（一个项目）</td><td rowspan="6">侵蚀沟治理
（若干条，每一条
为一个分部）</td><td colspan="2">岸坡削坡填沟</td><td></td></tr>
<tr><td colspan="2">跌水</td><td>混凝土跌水、铅丝石笼跌水</td></tr>
<tr><td colspan="2">谷坊</td><td></td></tr>
<tr><td colspan="2">护岸（坡）</td><td></td></tr>
<tr><td colspan="2">排水沟</td><td></td></tr>
<tr><td colspan="2">造林种草</td><td></td></tr>
<tr><td rowspan="13">崩岗治理
（一个项目）</td><td rowspan="13">崩岗治理
（若干条，每一条
为一个分部）</td><td colspan="2">截排水沟</td><td></td></tr>
<tr><td colspan="2">岸坡削坡</td><td></td></tr>
<tr><td colspan="2">崩壁小台阶</td><td></td></tr>
<tr><td colspan="2">跌水</td><td>混凝土跌水、铅丝石笼跌水</td></tr>
<tr><td colspan="2">挡土墙</td><td></td></tr>
<tr><td colspan="2">谷坊</td><td></td></tr>
<tr><td rowspan="3">拦沙坝</td><td>坝基及岸坡清理</td><td></td></tr>
<tr><td>沟槽开挖及处理</td><td></td></tr>
<tr><td>坝体砌筑</td><td></td></tr>
<tr><td colspan="2">造林</td><td></td></tr>
<tr><td colspan="2">种草</td><td></td></tr>
<tr><td colspan="2">封禁治理</td><td></td></tr>
<tr><td colspan="2">石坎梯田</td><td></td></tr>
</table>

备注　本表中未出现的相关措施，可结合实际情况进行划分。

表 5-2　　小流域综合治理工程项目划分表

<table>
<tr><th>单位工程</th><th>分部工程</th><th>单　元　工　程</th><th>备　　注</th></tr>
<tr><td rowspan="13">××小流域综合
治理工程</td><td rowspan="13">淤地坝（或拦沙坝）</td><td>土质坝基及岸坡清理</td><td></td></tr>
<tr><td>石质坝基及岸坡清理</td><td></td></tr>
<tr><td>土质沟槽开挖及基础处理</td><td></td></tr>
<tr><td>石质沟槽开挖及基础处理</td><td></td></tr>
<tr><td>石质平洞开挖</td><td></td></tr>
<tr><td>土坝机械碾压</td><td></td></tr>
<tr><td>水坠法填土</td><td></td></tr>
<tr><td>坝体砌筑（浆砌石）</td><td></td></tr>
<tr><td>卧管</td><td></td></tr>
<tr><td>涵管</td><td></td></tr>
<tr><td>竖井</td><td></td></tr>
<tr><td>明渠</td><td></td></tr>
<tr><td>消力池</td><td></td></tr>
</table>

续表

单位工程	分部工程	单 元 工 程	备　注
××小流域综合治理工程	淤地坝（或拦沙坝）	海漫	
		坝坡防护	
		反滤体铺设	
		坝坡排水	
		基础开挖与处理	溢洪道
		水泥土垫层（或3∶7灰土垫层）	溢洪道
		溢洪道修筑	
		土方回填	溢洪道
	造林工程	造林（含经果林）	
		等高植物篱	
	种草工程	种草	
	水蚀坡林地治理	枯木穴	
		条田	
	封禁治理	疏林补植	
		封禁治理	
	苗圃	树种	
	坡耕地治理工程	土坎梯田	
		石坎梯田	
		其他梯田工程	
		垄向区田	
		水浇地水田	
		引洪漫地	
	田间道路工程	路基修筑	
		路面铺筑	
		边坡防护工程	
		排水沟（渠）	
		行道树或绿化带	
	坡面水系工程	截（排）水沟	
		蓄水池	
		渠道	
	灌溉工程	管道沟槽开挖（回填）	
		管道安装	
		管道敷设	
		阀门井、检查井	
		水源井工程	

续表

单位工程	分部工程	单 元 工 程	备 注
××小流域综合治理工程	小型水利水保工程	水窖	
		涝池	
		塘堰	
		小型人工湿地	
		基础与坡面修整	护地堤（岸）
		护岸（坡）	
		护地堤（坝）	
		土谷坊	
		干砌石谷坊	
		浆砌石谷坊	
		铅丝石笼谷坊	
		植物谷坊	
		沟头防护	
	防风固沙工程	植物固沙	
		工程固沙	

三、生产建设项目水土保持工程项目划分原则

（一）单位工程划分原则

（1）弃渣场防护工程：4级及以上弃渣场，单个弃渣场宜划分为一个单位工程；若干个5级弃渣场可划分为一个单位工程；单独招标弃渣场宜作为一个单位工程；根据主体工程建设管理和工程标段划分，若干个弃渣场可合并划分为一个单位工程。

小型弃渣场指弃渣量小、防护投资少且防护措施单一的5级弃渣场。在弃渣场安全稳定、防护措施完善的情况下，单个弃渣场防护工程可作为一个单元工程进行质量评定。

（2）取土（石、砂）场防护工程：单独招标的，宜划分为一个单位工程；根据主体工程建设管理和工程标段划分，若干个取土（石、砂）场可合并划分为一个单位工程。

小型取土（石、砂）场指取料规模量小、防护投资少且防护措施单一的取土（石、砂）场。在取土（石、砂）场安全稳定、防护措施完善的情况下，单个取土（石、砂）场防护工程可作为一个单元工程进行质量评定。

（3）场地防护工程：场地包括主体工程区及其附属设施区和施工生产生活区。

场地防护工程根据主体工程建设管理和工程标段划分，一个或若干个场地可划分为一个单位工程。场地防护工程所指场地包括工程建设启用的各种生产生活设施场地，主要有混凝土搅拌站、砂石料加工厂、临时仓储区、大件设备中转储存场、施工营地、砂石加工系统、混凝土拌和系统、金属结构拼装场、机械修配厂、综合加工厂、设备材料库、电气安装场地、设备材料堆放场、中小型构件预制场、临时排矸场、矸石周转场、临时爆破材料库、铺轨基地、制梁场、混凝土拌合站、填料拌合站、道砟存储场、临时材料场、临时

码头、塔基施工场地、牵张场地等。

小规模场地指场地面积小且防护措施的单一场地，在场地安全稳定、防护措施完善的情况下，单个场地防护工程可作为一个单元工程进行质量评定。

（4）道路防护工程：道路包括进场道路、场内道路、施工道路、检修道路、对外交通道路等辅助主体工程建设和运行管理的道路，道路防护工程根据主体工程建设管理和工程标段划分，一条或若干条道路可合并划分为一个单位工程。

小规模道路指道路长度较短、占地面积小且防护措施单一的道路。在场地安全稳定、防护措施完善的情况下，单个小规模道路防护工程可作为一个单元工程进行质量评定。

（5）弃渣场防护工程、取土（石、砂）场防护工程、场地防护工程、道路防护工程的植被恢复工程可根据主体工程建设进度安排和管理要求，结合工程标段划分为一个或若干个单位工程。原则上一个独立发挥景观绿化功能的区段宜作为一个单位工程。

（二）分部工程划分原则

（1）单个弃渣场为一个单位工程的，弃渣场防护单位工程可划分为弃渣堆置、拦渣、防洪排导、边坡防护、表土（草皮）剥离、植被恢复、防风固沙、运渣道路防护等分部工程；主体工程（含弃渣场）或若干个弃渣场为一个单位工程的，可将每个弃渣场划分为一个分部工程。

（2）单个取土（石、砂）场为一个单位工程的，取土（石、砂）场防护单位工程可划分为取土（石、砂）场形态（开采终了）、拦挡、截排水、边坡防护、表土（草皮）剥离、植被恢复、防风固沙等分部工程；主体工程［含取土（石、砂）场］或若干个取土（石、砂）场为一个单位工程的，可将每个取土（石、砂）场划分为一个分部工程。

（3）植被恢复与建设单位工程可划分为表土（草皮）剥离、降水蓄渗（下凹式绿地、透水砖铺装、蓄水池）、植被恢复等分部工程。

（4）单个场地为一个单位工程的，场地防护单位工程可划分为表土（草皮）剥离、边坡防护、截排水、植被恢复等分部工程；主体工程（含场地）或若干个场地为一个单位工程的，可将每个场地划分为一个分部工程。

（5）单条道路为一个单位工程的，道路防护单位工程可划分为表土（草皮）剥离、边坡防护、截排水、植被恢复等分部工程；主体工程（含道路）或若干条道路为一个单位工程的，可将每条道路划分为一个分部工程。

（6）上述单位工程的分部工程划分宜与主体工程项目划分相协调。

（三）单元工程划分原则

（1）单元工程应按施工方法类同、工程量相近、便于质量控制和考核的原则划分。

（2）单个小型弃渣场、取土（石、砂）场防护工程可划分为一个单元工程，单个小规模场地、道路防护工程可划分为一个单元工程。

（3）土石方开挖工程按段、块或部位划分。

（4）土方填筑按层、段划分。

（5）砌筑、浇筑、安装工程按施工段或施工方量划分。

（6）植物措施按图斑、块、区段划分。

（7）沉沙池、消力池、花坛花境等小型工程按单个建筑物划分。

(8) 涉及上述主体工程单位和分部划分的单元工程，可根据主体工程项目划分情况进行调整。

(9) 生产建设项目水土保持项目划分应结合主体工程项目划分的要求、水土保持方案及后续设计文件、工程招标和实施单元安排。主体工程单位工程中包含水土保持分部工程或单元工程的，可结合工程实际情况进行组合调整，参照表 5-3 执行。

(10) 当生产建设项目水土保持临时防护工程使用时间长且有设计要求，确需进行质量评定时，可作为单元工程纳入相应分部工程中。

表 5-3　常用生产建设项目水土保持工程项目划分表

单位工程	分部工程	单元工程类型	备　注
××弃渣场防护工程（4 级及以上的单个弃渣场）	弃渣堆置	弃渣堆置	
	△拦渣工程	基础开挖与处理	
		坝（堤）填筑工程	
		墙体砌筑	
	△防洪排导工程	浆砌石截排水（洪）沟	
		混凝土截排水（洪）沟	
		急流槽	
		箱涵（管）	
		盲沟	
		隧洞	
		沉沙池（消力池）	
	△边坡防护工程	干砌石护坡	
		浆砌石护坡	
		预制块护坡	
		格宾网护坡	
		浆砌石骨架植草护坡	
		现浇网格生态护坡	
		三维植被网植草护坡	
		植生袋护坡	
		厚层基材喷播植被护坡	
		植草护坡	
	表土（草皮）剥离工程	表土剥离及清理	
		草皮剥离养护	
	植被恢复工程	土地整治	
		造林	
		生态袋（植生袋）	
		客土绿化	
		喷播绿化	

续表

单位工程	分部工程	单元工程类型	备　注
××弃渣场防护工程（4级及以上的单个弃渣场）	防风固沙工程	造林＋沙障固沙	
		植草＋沙障固沙	
		平铺式沙障固沙	
		直立式沙障固沙	
	运渣道路防护工程	表土剥离及清理	
		草皮剥离养护	
		边坡防护工程	根据边坡防护措施类型进行单元工程命名分类
		截排水工程	根据截排水措施类型进行单元工程命名分类
		植被恢复工程	根据植被恢复措施类型进行单元工程命名分类
××单位工程（主体工程单位工程名称）	弃渣场防护工程（若干个弃渣场）	××弃渣场防护工程（单个小型弃渣场）	
××单位工程（主体工程单位工程名称）或弃渣场防护工程（若干个弃渣场）	××弃渣场防护工程	弃渣堆置	
		拦渣工程	根据拦渣墙（堤）类型进行单元工程命名分类
		防洪排导工程	根据防洪排导工程措施类型进行单元工程命名分类
		边坡防护工程	根据边坡防护措施类型进行单元工程命名分类
		表土（草皮）剥离	根据剥离对象为表土或草皮进行分类
		植被恢复与建设工程	根据植被恢复措施类型进行单元工程命名分类
		防风固沙工程	根据防风固沙工程措施类型进行单元工程命名分类
××取土（石、砂）场防护工程［单个取土（石、砂）场］	取土（石、砂）场形态	取土（石、砂）场形态（开采终了）	
	拦挡工程	基础开挖与处理	
		墙体砌筑	
	截排水工程	浆砌石截排水（洪）沟	
		混凝土截排水（洪）沟	
		急流槽	
	边坡防护工程	格宾网护坡	
		浆砌石骨架植草护坡	
		现浇网格生态护坡	
		三维植被网植草护坡	

续表

单位工程	分部工程	单元工程类型	备　注
××取土（石、砂）场防护工程［单个取土（石、砂）场］	边坡防护工程	植生袋护坡	
		厚层基材喷播植被护坡	
		植草护坡	
	表土（草皮）剥离工程	表土剥离及清理	
		草皮剥离养护	
	植被恢复工程	土地整治	
		种植槽	
		坡面攀援植物	
		造林	
		草皮（种草）	
		生态袋（植生袋）	
		客土绿化	
		喷播绿化	
	防风固沙工程	造林＋沙障固沙	
		植草＋沙障固沙	
		平铺式沙障固沙	
		直立式沙障固沙	
××单位工程（主体工程单位工程名称）	取土（石、砂）场防护工程（若干个取土（石、砂）场）	××取土（石、砂）场防护工程［单个小型取土（石、砂）场］	
××单位工程（主体工程单位工程名称）或取土（石、砂）场防护工程［若干个取土（石、砂）场］	××取土（石、砂）场防护工程［单个取土（石、砂）场为分部工程］	取土（石、砂）场形态	
		拦挡工程	根据拦挡措施类型进行单元工程命名分类
		截排水工程	根据截排水措施类型进行单元工程命名分类
		边坡防护工程	根据边坡防护措施类型进行单元工程命名分类
		表土（草皮）剥离工程	根据剥离对象为表土或草皮进行分类
		植被恢复工程	根据植被恢复措施类型进行单元工程命名分类
		防风固沙工程	根据防风固沙工程措施类型进行单元工程命名分类
××工程植被恢复与建设工程	表土（草皮）剥离工程（结合工程分标进行分部工程划分）	表土剥离及清理	
		草皮剥离养护	
	降水蓄渗工程（结合工程分标进行分部工程划分）	下凹式绿地	
		透水铺砖	
		蓄水池	

续表

单位工程	分部工程	单元工程类型	备　注
××工程植被恢复与建设工程	植被恢复工程（结合工程分标进行分部工程划分）	土地整治	
		种植槽	
		坡面攀援植物	
		片林	
		草皮（种草）	
××工程植被恢复与建设工程	植被恢复工程（结合工程分标进行分部工程划分）	生态袋（植生袋）	
		客土绿化	
		喷播绿化	
		大树（名贵树木）栽植	
		等高植物篱	
		花坛花镜	
		人工铺草皮	
		造林＋沙障固沙	
		植草＋沙障固沙	
		平铺式沙障固沙	
		直立式沙障固沙	
××道路防护工程（单条道路）	表土（草皮）剥离工程	表土剥离及清理	
		草皮剥离养护	
	边坡防护工程	边坡防护工程	根据边坡防护措施类型进行单元工程命名分类
	截排水工程	截排水工程	根据截排水措施类型进行单元工程命名分类
	植被恢复工程	植被恢复工程	根据植被恢复措施类型进行单元工程命名分类
××单位工程（主体工程单位工程名称）	道路防护工程（若干条道路）	××道路防护工程（单条小规模道路）	
××单位工程（主体工程单位工程名称）或道路防护工程（若干条道路）	××道路防护工程	表土剥离及清理	
		草皮剥离养护	
		边坡防护工程	根据边坡防护措施类型进行单元工程命名分类
		截排水工程	根据截排水措施类型进行单元工程命名分类
		植被恢复工程	根据植被恢复措施类型进行单元工程命名分类
××场地防护工程（单个场地）	表土（草皮）剥离工程	表土剥离及清理	
		草皮剥离养护	

续表

单位工程	分部工程	单元工程类型	备　注
××场地防护工程（单个场地）	边坡防护工程	边坡防护工程	根据边坡防护措施类型进行单元工程命名分类
	截排水工程	截排水工程	根据截排水措施类型进行单元工程命名分类
	植被恢复工程	植被恢复工程	根据植被恢复措施类型进行单元工程命名分类
××单位工程（主体工程单位工程名称）	场地防护工程（若干个场地）	××场地防护工程（单个小规模场地）	
××单位工程（主体工程单位工程名称）或场地防护工程（若干个场地）	××场地防护工程	表土剥离及清理	
		草皮剥离养护	
		边坡防护工程	根据边坡防护措施类型进行单元工程命名分类
		截排水工程	根据截排水措施类型进行单元工程命名分类
		植被恢复	根据植被恢复措施类型进行单元工程命名分类

注　表中标Δ者为主要分部工程。

第二节　水土保持工程质量检验

水土保持工程质量评定工作应结合工程建设特点和合同约定进行合理的项目划分，并在单元工程质量检验的基础上开展。水土保持单元工程质量检验应由施工单位全检，监理单位抽检。质量检验是对检验项目的外观或性能采用目测、量测、试验、检查等方法，结合施工过程中形成的技术资料，将结果与标准要求进行比较的活动。本节主要介绍工程质量检验的一般规定、程序、内容和方法，质量事故调查和处理的办法。

一、一般规定

工程质量检验计量器具、试验仪器仪表及设备应定期校准或检定，并具备有效的校准或检定证书。需强制检定的计量器具应根据相关规定由计量检定机构检定。承担工程质量检验业务的机构应根据承担的任务配备检测仪器、设备和技术人员，并制定相应的管理制度及质量控制措施。

按照《建设工程质量管理条例》第三十一条规定，施工人员应当在建设单位或者工程监理单位监督下现场取样，并送具有相应资质等级的质量检测单位进行检测。施工单位应按照相关技术标准的要求全面进行自检，并做好施工记录，如实填写《单元工程质量评定表》。监理单位应根据技术标准复核工程质量。

工程质量检验项目名称、数量和检验方法，应符合单元工程质量评定标准和国家及行业现行技术标准的有关规定。

质量监督机构实行以抽查为主的监督制度。抽查结果应按有关规定及时公布，并书面通知有关单位。

工程质量检验数据应真实可靠，检验记录及签证应完整齐全。

项目法人（建设单位）、监理单位、设计单位、施工单位和工程质量监督机构根据水土保持工程质量检验需要，可委托质量检测单位进行工程质量检测。对质量检测数据有重大分歧时，应由项目法人（建设单位）根据相关规定委托第三方质量检测单位进行检测，检测数量视需要确定，检测费用由责任方承担。

对涉及水土保持工程结构安全的试块、试件及有关材料进行质量检验时，应实行见证取样。见证取样资料由施工单位制备，记录应真实、准确、齐全，参与见证取样人员应在相关文件上签字。

水土保持工程质量检验出现不合格项目时，应按以下规定处理：

（1）原材料、中间产品一次抽样检验不合格时，应及时对同一取样批次另取两倍数量检验，仍不合格，该批次原材料或中间产品定为不合格，不得使用。

（2）单元工程质量不合格时，应按合同要求处理或返工重做，并经重新检验且合格后方可进行后续施工。

（3）混凝土（砂浆）试件抽样检验不合格时，应根据相关规定委托质量检测单位对相应工程部位进行检验。如仍不合格，应由项目法人（建设单位）组织有关单位进行研究，并提出处理意见。

（4）水土保持工程完工后质量抽检不合格，或其他检验不合格的工程，应按有关规定处理，合格后才能验收或进行后续工程施工。

二、质量检验程序、内容和方法

（一）质量检验程序

工程质量检验包括施工准备检查、中间产品及原材料质量检验、单元工程质量检验、质量事故检查及工程外观质量检验等程序。中间产品是需要经过加工、生产、培育的材料或半成品，如建材、混凝土预制件、种子、树苗等。

工程开工前，施工单位应对施工准备工作进行全面检查，并经监理单位确认合格后进行施工。施工准备检查应包括以下内容：

（1）质量保证体系是否健全。

（2）进场施工设备的数量、规格和性能是否符合施工合同要求。

（3）进场原材料和构配件的质量、规格与性能是否符合技术标准和合同要求。

（4）测量基准点的复核和施工测量控制网的布设情况。

（5）是否制订了完善的文明施工措施计划。

（6）施工图及技术交底工作情况。

（7）其他施工准备工作。

施工单位应按相关技术标准对中间产品及原材料质量、种苗质量及其检疫情况进行检验，并报监理单位复核。不合格产品，不得使用。

单元工程完工后，施工单位应按相关技术标准检验，作好施工记录，并填写《单元工程质量评定表》。监理单位根据抽检资料，评定单元工程质量等级。发现不合格单元工程，应按设计要求及时进行处理，合格后才能进行后续单元工程施工。对施工中的质量缺陷应记录备案，进行统计分析，并记入《单元工程质量评定表》。

生产建设项目和水土保持生态大中型工程中具有重要防护对象的水土保持工程完工后，由项目法人（建设单位）组织监理单位、设计单位、施工单位、运行管理单位（如有）组成外观质量评定组进行外观质量评定。参加外观质量评定的人员应具有工程师及以上技术职称。评定组人数不应少于5人。

（二）质量检验内容

水土保持工程质量检验的最小单元为单元工程。检验内容应分为主控项目和一般项目。主控项目是对安全、质量、功能和公众利益起决定性作用的检验项目。一般项目是除主控项目以外的检验项目。单元工程质量检验流程应符合图5-1的规定。

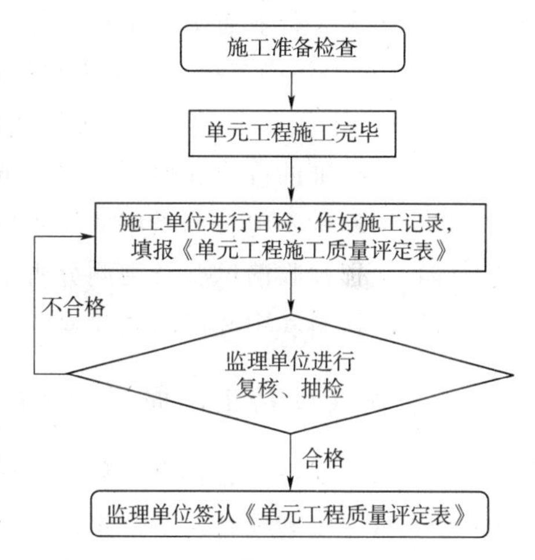

图5-1　单元工程质量检验流程图

（三）质量检验方法

水土保持工程质量检验方法应符合下列规定：

（1）单元工程施工质量的检验，采用随机布点与监理工程师现场指定区位相结合的方式。检验方法及数量应符合《水土保持工程质量评定规程》（SL 336—2006）和相关标准、标范的规定。

（2）工程措施质量检验方法以实地测量、检验和典型调查法为主。植物措施质量检验方法以样方测量和面积推算法为主。检验方法和技术要求可参考相关标准执行。

（3）临时措施质量检验方法以查阅施工单位记录和监理单位检查记录为主。

（4）凡抽检不合格的工程，必须按有关规定进行处理，未处理或者处理不合格的，不得进行验收。处理完毕后，由项目法人（建设单位）将处理报告连同质量检测报告一并提交竣工验收委员会。

三、质量事故调查和处理的办法

2001年2月17日，国务院办公厅发布文件《关于加强安全工作的紧急通知》（国办发明电〔2004〕7号），文件中提出“四不放过”原则，即对责任不落实，发生重特大事故的，要严格按照事故原因未查清不放过、责任人员未处理不放过、整改措施未落实不放过、有关人员未受到教育不放过。

《国务院关于特大安全事故行政责任追究的规定》（国务院令第302号）指出要严肃追究有关领导和责任人的责任。质量事故发生后，应按“四不放过”原则调查事故原因，研究处理措施，查明事故责任者，并根据国家有关法规处理。

按《建设工程质量管理条例》要求，建设工程发生质量事故后，有关单位应当在24小时内向当地建设行政主管部门和其他有关部门报告。对重大质量事故，事故发生地的建设行政主管部门和其他有关部门应当按照事故类别和等级向当地人民政府和上级建设行政主管部门和其他有关部门报告。

第三节 水土保持工程质量评定

一、水土保持工程质量评定的依据

(1) 国家及行业有关施工技术标准。

(2)《水土保持工程质量评定规程》(SL 336—2006)。

(3)《水土保持工程施工监理规范》(SL 523—2011)。

(4) 经批准的设计文件、施工图纸、设计变更通知书、厂家说明书及有关技术文件。

(5) 工程承发包合同采用的技术标准。

(6) 工程验收前试验及观测分析成果。

(7) 原材料和中间产品质量检验证明或出厂合格证、检疫证。

二、水土保持工程质量评定的一般规定

(1) 水土保持生态建设工程质量评定包括单元工程质量评定、分部工程质量评定、单位工程质量评定和项目质量评定。

(2) 生产建设项目水土保持工程质量评定包括涉及水土保持的所有单元工程质量评定、所有单元工程全部为水土保持单元的分部工程、所有分部工程全部为水土保持分部的单位工程，以及项目水土保持工程的质量评定。

单元工程质量应由施工单位组织自评，监理单位核定。

监理单位核定单元工程质量时，除应检查工程现场外，还应对该单元工程的施工原始记录、质量检验记录等资料进行查验，确认单元工程质量评定表填写数据、内容的真实性和完整性，并进行抽检。同时，应在单元工程质量评定表中明确记载质量等级的核定意见。

重要隐蔽工程及工程关键部位的质量应在施工单位自评合格后，由监理单位复核评定，项目法人（建设单位）组织监理单位、设计单位、施工单位、运行单位（如有）组成联合小组签字确认质量等级签证表。等级签证表可参考《水利水电工程质量检验与评定规程》(SL 176—2007) 附录F执行。

分部工程质量评定应在施工单位自评基础上，由监理单位复核，项目法人（建设单位）认定。

单位工程质量评定应在施工单位自评基础上，由监理单位复核，项目法人（建设单位）认定，并报质量监督机构核定（备）。

在单位工程质量评定合格后，由监理单位统计并进行工程项目质量评定，经项目法人（建设单位）认定后，报工程质量监督机构核定（备）。质量事故处理后应按处理方案提出

的质量要求，重新进行工程质量检测和评定。

三、单元工程质量评定的一般规定

单元工程质量等级标准应按《水土保持工程质量评定规程》（SL 336—2006）及相关技术标准规定执行。

单元工程质量评定，应在单元的工程检验项目抽检基础上进行。

（一）单元工程施工质量评定的条件

（1）单元工程所含工序（或所有施工项目）已完成，具备验收条件。

（2）工程质量经检验全部合格，有关质量缺陷已处理完毕或有监理单位批准的处理意见。

（二）单元工程施工质量评定的程序

（1）施工单位应对已经完成的单元工程施工质量进行自检，并填写检验记录。

（2）施工单位自检合格后应填写单元工程施工质量评定表，向监理单位申请复核。

（3）重要隐蔽单元工程和关键部位单元工程施工质量验收评定应由项目法人（建设单位）或委托监理单位主持，并由建设、设计、监理、施工等单位的代表组成联合小组，共同验收评定。

（三）单元工程返工质量评定

单元工程质量达不到合格标准时，应及时处理。处理后其质量应按下列规定确定

（1）全部返工重做的，应重新评定质量等级。

（2）经加固补强并经鉴定能达到设计要求的，其质量可按合格处理。

（3）处理后的工程部分质量指标仍达不到设计要求时，经设计复核，项目法人（建设单位）及监理单位确认能满足安全和使用功能要求，可不再进行处理；或经加固补强后，改变了外形尺寸或造成工程永久性缺陷的，经项目法人（建设单位）、监理及设计单位确认能基本满足设计要求，其质量可定为合格，但应按规定进行质量缺陷备案。

经抽样检验、主控项目全部合格、一般项目达到70%及以上合格，且不合格点不集中的，单元工程质量可评定为合格。

（四）单元工程施工质量评定的资料

（1）单元工程验收评定的检验资料。

（2）原材料、拌和物与实体检验项目检验记录资料。

（3）单元工程施工质量评定表。

四、分部工程、单位工程及工程项目质量评定的一般规定

（1）同时符合下列条件的分部工程可确定为合格：单元工程质量全部合格；中间产品质量及原材料质量全部合格。

（2）同时符合下列条件的单位工程可确定为合格：

1）分部工程质量全部合格。

2）质量事故已按要求处理。

3）外观质量得分率达到标准要求。水土保持生态建设工程考虑生态建设项目投资水

平，水土保持生态建设工程单位工程合格时，外观质量得分率同水利工程要求一致，外观质量得分率达到70%以上；生产建设项目水土保持工程是项目生态恢复的重要内容，直接影响工程的外貌形态和生态观感，参考园林行业相关标准，生产建设项目单位工程合格时，外观质量得分率达到80%以上。

4）施工质量检验资料基本齐全。

工程项目单位工程质量全部合格时，工程项目质量评定为合格。

第四节　水土保持单元工程质量评定标准

水土保持单元工程质量是保证整个工程质量的关键，本节主要介绍水土保持单元工程质量评定类型分为“土石方工程”“混凝土工程”“坡耕地治理工程”“小型蓄水工程”“植被恢复与建设工程”“其他工程”6个类别的施工要求和检查、检验项目及质量标准内容。水土保持单元工程质量评定标准分为单元工程主控项目质量标准和一般项目质量标准，单元工程质量检验方法与数量标准按相关规范规定执行。

一、土石方工程

土石方工程共有41项单元工程：土质坝基及岸坡清理、石质坝基及岸坡清理、土质沟槽开挖及基础处理、石质沟槽开挖及基础处理、石质平洞开挖、土石坝（堤）机械碾压、水坠法填土、坝体填筑（浆砌石）、干砌石墩墙、干砌石护坡（底）、浆砌石护坡（底）、浆砌石沟渠、浆砌石墩墙、干砌石海漫、石笼、反滤体铺设、垫层、土方回填、路基修筑、泥结碎石路面铺筑、砂石（土质）路面铺筑、沟槽回填、阀门井、检查井、土谷坊、干砌石谷坊、浆砌石谷坊、铅丝石笼谷坊、沟头防护、岸坡削坡填沟、铅丝石笼跌水、崩壁小台阶、浆砌石骨架护坡、表土剥离及清理、种植槽修筑、透水铺装、基础与坡面修整、护地堤（坝）、管道沟槽开挖、枯木穴、土地整治。

坝基及岸坡清理、沟槽开挖是保证坝基与坝身满足抗滑要求的关键施工措施，属于隐蔽工程，施工中宜从严要求，加强过程控制。

土质坝基及岸坡清理单元工程划分：每个单元工程面积500～1000m^2，不足500m^2的可单独作为一个单元工程；大于1000m^2的可划分为两个以上单元工程。土质坝基及岸坡清理单元工程主控项目质量标准和一般项目质量标准见表5-4和表5-5。

表5-4　土质坝基及岸坡清理单元工程主控项目质量标准

项次	检验项目	质量要求	检验方法、数量
1	表土及附着物清理	树木、草皮、树根、乱石、坟墓以及各种建筑物全部清除；对水井、泉眼、地道、坑窖、洞穴等的处理符合设计要求	观察、查阅记录，全数
2	不良土质的处理	粉土、细砂、淤泥、腐殖质土、泥炭土全部清除；对风化岩石、坡积物、残积物、滑坡体、粉土、细砂等的处理符合设计要求	观察、查阅记录，全数
3	地质坑、孔处理	构筑物基础区范围内的地质探孔、竖井、试坑的处理符合设计要求；回填材料质量符合设计要求	观察、查阅记录、取样试验，全数

表 5-5 土质坝基及岸坡清理单元工程一般项目质量标准

项次	检验项目		质量要求	检验方法、数量
1	清理范围	人工施工	长、宽边线允许偏差 0～30cm	量测，间距不大于 20m，每边线测点不少于 5 个点
		机械施工	长、宽边线允许偏差 0～50cm	
2	土质岸边坡度		不陡于设计边坡	量测，每 10 延米测量 1 处，高边坡每 20 延米测 1 处，不少于 5 处

石质坝基及岸坡清理单元工程划分：每个单元工程面积 $500\sim1000m^2$，不足 $500m^2$ 的可单独作为一个单元工程；大于 $1000m^2$ 的可划分为两个以上单元工程。石质坝基及岸坡清理单元工程主控项目质量标准和一般项目质量标准见表 5-6 和表 5-7。

表 5-6 石质坝基及岸坡清理单元工程主控项目质量标准

项次	检验项目	质量要求	检验方法、数量
1	岸坡及地基开挖	岸坡开挖应按设计边坡要求进行，断层破碎带应采用深挖充填方法处理	观察、量测，每 20m 量测 1 处，不少于 3 处
2	建基面处理	开挖后岩面应符合设计要求，建基面上无松动岩块，表面清洁、无泥垢、油污，且无爆破裂缝	观察、查阅施工记录，全数
3	开挖面要求	开挖面平整，无反坡或陡于设计坡度	观察、查阅施工记录，全数

表 5-7 石质坝基及岸坡清理单元工程一般项目质量标准

项次	检验项目	质量要求	检验方法、数量
1	坡角标高	允许偏差 -10～20cm	观察、量测、查阅施工记录，采用横断面法控制，断面间距不大于 20m，各断面不少于 6 个测点
2	坡面局部超、欠挖	符合设计要求	

土质沟槽开挖及基础处理单元工程划分：每个单元工程长度为 50～100m，不足 50m 的可单独作为一个单元工程；大于 100m 的可划分为两个以上单元工程。土质沟槽开挖及基础处理单元工程主控项目质量标准及一般项目质量标准见表 5-8 和表 5-9。

表 5-8 土质沟槽开挖及基础处理单元工程主控项目质量标准

项次	检验项目	质量要求	检验方法、数量
1	沟槽开挖	沟槽无杂物、无浮土，符合设计要求	观察、查阅施工记录，全数
2	基础处理	除岸坡结合槽基础外，其他沟槽基础应进行处理，并符合设计要求	
3	沟槽开挖面、弯道处理	开挖面平整，弯道过渡平滑	

表 5-9　　土质沟槽开挖及基础处理单元工程一般项目质量标准

项次	检验项目	质量要求	检验方法、数量
1	标高	允许偏差 0～5cm	量测，采用横断面法控制，每 10m 量测 1 个横断面，各横断面检测点不少于 3 个
2	长、宽边线范围	允许偏差 0～10cm	
3	沟槽边坡	不陡于设计值	

石质沟槽开挖及基础处理单元工程划分：每个单元工程长度为 50～100m，不足 50m 的可单独作为一个单元工程；大于 100m 的可划分为两个以上单元工程。石质沟槽开挖及基础处理单元工程主控项目质量标准和一般项目质量标准见表 5-10 和表 5-11。

表 5-10　　石质沟槽开挖及基础处理单元工程主控项目质量标准

项次	检验项目	质量要求	检验方法、数量
1	沟槽开挖	沟槽无杂物、无浮渣，符合设计要求	观察、查阅施工记录，全数
2	基础处理	基础面无松动岩块、悬挂体、陡坎、尖角等，且无爆破裂缝，基础处理符合设计要求	
3	开挖面、弯道处理	开挖面平整，符合设计要求	

表 5-11　　石质沟槽开挖及基础处理单元工程一般项目质量标准

项次	检验项目	质量要求	检验方法、数量
1	标高	允许偏差 0～20cm	量测，采用横断面法量测，每 10m 量测 1 个横断面，各横断面检测点不少于 3 个
2	长、宽边线范围	允许偏差 0～30cm	
3	沟槽边坡	不陡于设计值	

坝体填筑（土坝）选用的填筑土料符合设计要求。施工前应对取土（石、砂）场进行现场检查，采集代表性土样按《土工试验方法标准》（GB/T 50123—2019）的要求。单元工程划分：以施工检查验收的功能段划分单元工程，每一个功能段为一个单元工程。每一个功能段长 50～100m，不足 50m 的可单独作为一个单元工程。坝体填筑（浆砌石）单元工程主控项目质量标准和一般项目质量标准见表 5-12 和表 5-13。

表 5-12　　坝体填筑（浆砌石）单元工程主控项目质量标准

项次	检验项目	质量要求	检验方法、数量
1	砌体仓面清理	仓面干净，表面湿润均匀。无浮渣，无杂物，无积水，无松动石块	观察，全数
2	表面处理	基础或施工缝表面、砌石体表面局部光滑的砂浆表面应凿毛，毛面面积不小于总面积的 95%	
3	砌筑体材料	石料规格符合设计及规范要求，表面湿润、无污垢、油渍等污物，砌筑用砂浆标号符合设计要求	观察，全数；量测，抽样

续表

项次	检验项目	质量要求	检验方法、数量
4	抗渗性能	对有抗渗要求的部位，透水率符合设计要求	检测，每20m取样一组，不少于3组
5	砌筑	采用坐浆法施工；空隙用碎石填塞，不得用砂浆充填	观察，全数
6	勾缝	无裂缝、脱皮现象	观察，全数

表5-13　坝体填筑（浆砌石）单元工程一般项目质量标准

项次	检验项目	质量要求	检验方法、数量
1	砌石结构尺寸	允许偏差为设计尺寸的±4%，且不大于±4cm	量测，每5m量测1处，不少于5处
2	表面平整度	用2m直尺测量，凹凸差为±2cm	
3	轴线位置	允许偏差1cm	量测，每10m量测1处，不少于5处
4	标高	允许偏差为±1.5cm	

干砌石护坡（底）单元适用于干砌石坝坡防护、边坡防护、护岸（坡）等工程。单元工程划分：宜按施工检查验收的区、块划分单元工程，单元工程面积不宜大于1000m^2。干砌石护坡砌筑可分为面石和腹石，面石是指护坡表面的砌石层，腹石是填充在面石后面的石料。护坡厚度是指面石和腹石加起来的厚度。

干砌石挡墙单元工程划分：按长度划分单元工程，每个单元工程长20～50m，不足20m的可单独作为一个单元工程，大于50m的可划分为两个以上单元工程。干砌石挡墙单元工程主控项目质量标准和一般项目质量标准见表5-14和表5-15。

表5-14　干砌石挡墙单元工程主控项目质量标准

项次	检验项目	质量要求	检验方法、数量
1	石料表观质量	石料规格符合设计要求	观察，全数
2	砌筑	自下而上错缝竖砌，石块紧靠密实，垫塞稳固，大块压边；采用水泥砂浆勾缝时，应预留排水孔；砌体应咬扣紧密、错缝砌筑	

表5-15　干砌石挡墙单元工程一般项目质量标准

项次	检验项目		质量要求	检验方法、数量
1	基面处理		基面按设计要求处理，基础埋置深度符合设计要求	观察，全数
2	轴线偏移		轴线位置符合设计要求，允许偏差为±5cm	量测，每10m量测1处，不少于5处
3	干砌石体断面尺寸	宽度	符合设计要求，允许偏差为±10%，且不大于±5cm	
		高度	符合设计要求，允许偏差为±5cm	

二、混凝土工程

混凝土工程适用于混凝土截（排）水沟（渠）、沉沙池、消力池、卧管、明渠、坝坡排水、溢洪道、急流槽、箱涵等工程。共有7项单元工程：普通混凝土、预制涵管铺装、竖井安装、预制块护坡、混凝土路面铺筑、混凝土跌水、排水隧洞。

三、坡耕地治理工程

坡耕地治理共有7项单元工程：土坎梯田、石坎梯田、条田、其他梯田工程、垄向区田、水浇地、水田、引洪漫地。

引洪漫地的田面基本平整（保留均匀坡度不超过1°），田块中不应有大块石砾及明显凹凸部位。田坎四周的蓄水埂密实，埂高达到一次漫灌的最大水深（一般高出地面0.5m以上）。

引洪漫地单元工程划分：以设计的每一图斑作为一个单元工程，每个单元工程面积为5～10hm²，不足5hm²的可单独作为一个单元工程，大于10hm²的可划分为两个以上单元工程。引洪漫地单元工程主控项目质量标准和一般项目质量标准见表5-16和表5-17。

表5-16　引洪漫地单元工程主控项目质量标准

<table>
<tr><th>项次</th><th>检验项目</th><th>质量要求</th><th>检验方法、数量</th></tr>
<tr><td>1</td><td>总体布局</td><td>符合设计要求，渠首、渠系及田间工程配套</td><td>观察、查阅记录，全数</td></tr>
<tr><td>2</td><td>引洪渠</td><td>修筑规格、尺寸、布设位置符合设计要求</td><td rowspan="3">观察、量测，每处建筑物量测1处，不少于3处</td></tr>
<tr><td>3</td><td>格子坝</td><td>修筑规格、尺寸、布设位置符合设计要求</td></tr>
<tr><td>4</td><td>渠首工程</td><td>符合设计要求，工程设施完好无损（或及时修复），能满足拦（引）洪要求</td></tr>
</table>

表5-17　引洪漫地单元工程一般项目质量标准

<table>
<tr><th>项次</th><th>检验项目</th><th>质量要求</th><th>检验方法、数量</th></tr>
<tr><td>1</td><td>渠道比降</td><td>符合设计要求（干、支、斗渠比降一般分别为0.2%～0.3%，0.3%～0.5%，0.5%～1.0%）</td><td rowspan="2">观察、量测，沿渠道延米量测，每50～100m量测1处，不少于5处</td></tr>
<tr><td>2</td><td>渠道横断面面积</td><td>允许偏差为±10%</td></tr>
</table>

四、小型蓄水工程

小型蓄水工程共有5项单元工程：水窖、涝池、塘堰、蓄水池、湿地构筑物（适用于小型人工湿地构筑物）。

塘堰清淤整治后，正常蓄水深度一般应大于2m。每座塘堰作为一个单元工程。塘堰单元工程主控项目和一般项目质量标准见表 5－18 和表 5－19。

表 5－18　塘堰单元工程主控项目质量标准

<table>
<tr><th>项次</th><th>检验项目</th><th>质 量 要 求</th><th>检验方法、数量</th></tr>
<tr><td>1</td><td>工程布设</td><td>符合设计要求，布置合理，配套完善</td><td rowspan="3">观察、查阅记录，全数</td></tr>
<tr><td>2</td><td>清基与结合槽</td><td>浮土、杂物及强风化层全部清除，结合槽开挖与岸坡处理符合设计要求</td></tr>
<tr><td rowspan="2">3</td><td>堰体</td><td>堰体与岸坡结合紧密，“两大件”完整，蓄水后无渗漏</td></tr>
<tr><td>外观质量</td><td>表面平整，按设计有防护措施，无冻块裂缝、无侵蚀沟</td><td>观察，全数</td></tr>
</table>

表 5－19　塘堰单元工程一般项目质量标准

<table>
<tr><th>项次</th><th>检验项目</th><th>质 量 要 求</th><th>检验方法、数量</th></tr>
<tr><td>1</td><td>压实度</td><td>符合设计要求</td><td>检测、土工试验，每 50m³ 取样 1 组，每层不少于 1 组</td></tr>
<tr><td rowspan="2">2</td><td rowspan="2">外型尺寸</td><td>顶高、顶宽允许偏差为±5%</td><td rowspan="4">观察、量测，随机抽检塘堰总数的 30%以上（总数 5 个以下全检），外形尺寸沿塘堰两端及中部选 3 个断面进行量测；有 1 座塘堰不合格者，整改后重新抽检</td></tr>
<tr><td>边坡不陡于设计值</td></tr>
<tr><td>3</td><td>配套构件尺寸</td><td>允许偏差为±5%</td></tr>
<tr><td>4</td><td>轴线、溢洪道或涵洞中心线</td><td>允许偏差为±15mm</td></tr>
</table>

五、植被恢复与建设工程

植被恢复与建设工程适用于场地、边坡、道路等工程的造林绿化。共有 23 项单元工程：造林、等高植物篱、种草、封禁治理、苗圃、湿地植物措施、植物谷坊、造林＋沙障固沙、植草＋沙障固沙、平铺式沙障固沙、直立式沙障固沙、现浇网格生态护坡、三维植被网植草护坡、植生袋、厚层基材喷播植被护坡、草皮剥离养护、人工铺草皮、客土绿化、喷播绿化、坡面攀援植物、下凹式绿地、大树（名贵树木）栽植、花坛花镜。

播种密度应符合设计要求；播种深度大粒种 3～4cm，小粒种 1～2cm，播种后应压实。

封轮牧区按规定时间实施封禁和放牧。修复期 3～5 年后，林、草覆盖度应达 70%以上。

柳谷坊应选择活柳枝，各排桩之间或上游底部用石块或编织土袋填压。

造林＋沙障固沙单元工程划分：按面积划分单元工程，面积小于 $10hm^2$，按 $0.1\sim1hm^2$ 划分为 1 个单元工程；面积大于 $10hm^2$，按 $1\sim5hm^2$ 划分为 1 个单元工程。造林＋沙障固沙单元工程主控项目质量标准和一般项目质量标准见表 5－20 和表 5－21。

表 5－20　造林＋沙障固沙单元工程主控项目质量标准

项次	检验项目	质 量 要 求	检验方法、数量
1	苗木	根系完整、地径符合设计要求、顶芽饱满、无机械损伤、无病虫害	观察、量测，不少于 10 处

续表

项次	检验项目	质量要求	检验方法、数量
2	整地	整地深度、长宽尺寸符合设计规定；沙土墒情不好的地段，采用客沙或其他方法保证苗木根系接触湿沙	量测，每个单元工程按照不同区域进行抽样检测，不少于5处
3	栽植	采用设计的混交方式，林带走向与主害风方向垂直，宽度符合设计要求，苗木“品”字形排列，苗正、土踏实、无露根现象	
4	成活率	符合设计要求	
5	沙障布设方向	走向垂直于主风方向	观察；全数
6	覆盖物（沙障）	符合设计要求，覆盖物为柴草和枝条时，上面应用枝条横压，用小木桩固定，或在草带中线上铺压湿沙，柴草的梢端应迎风向	

表5-21　　造林+沙障固沙单元工程一般项目质量标准

项次	检验项目	质量要求	检验方法、数量
1	株间距造林密度	灌木林为±10%，乔木林为±5%，经济林为±3%	量测，每个单元工程按照不同区域进行抽样检测，不少于5处
2	混交林配比	允许偏差为±5%	
3	沙障布设规格	带状平铺式沙障带宽、带间距允许偏差为±10%；全面平铺式沙障应紧密平铺	

植草+沙障固沙单元工程划分：以设计图斑作为一个单元工程，每个单元工程面积5～10hm^2，不足5hm^2的可单独作为一个单元工程，大于10hm^2的划分为两个以上单元工程。植草+沙障固沙单元工程主控项目质量标准和一般项目质量标准见表5-22和表5-23。

表5-22　　植草+沙障固沙单元工程主控项目质量标准

项次	检验项目	质量要求	检验方法、数量
1	前期治理条件	已采取林带措施，沙丘基本固定，且有一定降雨和灌溉条件	观察，全数
2	种子	籽粒饱满、无杂质	检测，每个单元工程检测1组
3	整地	表层土壤耙松、无较大土块和石砾；整地深度、宽度、带间距符合设计要求，走向与主害风向垂直	量测，每个单元工程按照不同区域进行抽样检测，不少于5处
4	播种	播种草种与播种密度符合设计要求；播种深度适宜，撒播均匀，播后压实、不露籽	

续表

项次	检验项目	质量要求	检验方法、数量
5	沙障布设方向	走向垂直于主风方向	观察，全数
6	覆盖物（沙障）	符合设计要求，覆盖物为柴草和枝条时，上面应用枝条横压，用小木桩固定，或在草带中线上铺压湿沙，柴草的梢端应迎风向	

表 5-23　植草+沙障固沙单元工程一般项目质量标准

项次	检验项目	质量要求	检验方法、数量
1	成苗数	不小于 30 株/m^2 或设计的±5%	量测，每个单元工程按照不同区域进行抽样检测，不少于 5 处
2	盖度	不小于 80%或设计的±5%	
3	沙障布设规格	带状平铺式沙障带宽、带间距允许偏差为±10%；全面平铺式沙障应紧密平铺	

喷播绿化单元工程划分：按面积划分单元工程，单元工程划分面积不宜小于 100m^2。喷播绿化单元工程主控项目质量标准和一般项目质量标准见表 5-24 和表 5-25。

表 5-24　喷播绿化单元工程主控项目质量标准

项次	检验项目	质量要求	检验方法、数量
1	喷附厚度/设计厚度	≥90%	尺量，检查 3 个点
2	防护层或基质层稳定性（挂网）	<防护面积的 3%	观察，全数
3	边坡整理	边坡坡度修正达到设计边坡，坡面无碎石、松土、无凹坑、尖凸物	采用横断面法检验，不少于 3 处
4	成活率	成活率不低于 95%	样方调查，不少于 3 个样方

表 5-25　喷播绿化单元工程一般项目质量标准

项次	检验项目	质量要求	检验方法、数量
1	配套设施	干旱地区配套相应灌溉设施	观察，全数
2	木本植物	>6 株/m^2	样方调查，不少于 3 个样方

六、其他工程

其他工程共有 12 项单元工程：钢管安装、塑料管安装、管道敷设、机井、大口井、排水盲沟、取土（石、砂）场形态（开采终了）、弃渣堆置、弃渣场防护、取土（石、砂）场防护、场地防护、道路防护。

机井单元工程质量评定适用于水源井工程机井施工，以每眼机井划分为一个单元工程。机井单元工程主控项目质量标准和一般项目质量标准见表 5-26 和表 5-27。

表 5-26 机井单元工程主控项目质量标准

项次	检验项目	质量要求	检验方法、数量
1	井壁管、滤水管、砾料等质量	符合规范规定和设计要求	检查产品说明及出厂合格证，查阅施工记录，全数
2	井位、井深和井径	符合设计要求	观察、检测、查阅记录，每眼机井检测1组
3	洗井	洗井方法、抽水程序符合规范要求	观察、查阅施工记录，全数
4	机井出水流量	不小于设计出水流量	检验，每眼机井检测1组

表 5-27 机井单元工程一般项目质量标准

项次	检验项目	质量要求	检验方法、数量
1	下管	清孔、滤水管、井壁管长度及下管保护、连接及密封质量符合规范要求	观察，全数
2	填砾	连续均匀沿管四周填入，填入量符合计算体积	观察、量测、查阅记录，全数
3	滤水管安装位置	允许偏差为±300mm	量测，全数
4	井口封闭	符合设计要求	观察，全数
5	井孔倾斜度	允许偏差≤2°	量测，每眼机井检测1组
6	出水含沙量	小于1/20000体积比	
7	井内沉淀物高度	不大于设计井深的5‰	

大口井单元工程质量评定适用于水源井工程大口井施工，以每眼大口井划分为一个单元工程。大口井单元工程主控项目质量标准和一般项目质量标准见表5-28和表5-29。

表 5-28 大口井单元工程主控项目质量标准

项次	检验项目	质量要求	检验方法、数量
1	预制管节、滤料	预制管节、滤料的规格、性能符合国家有关标准、设计要求	观察，检查每批的产品出厂质量合格证明、性能检验报告及有关的复验报告，全数
2	井筒及辐射管	井筒位置及深度、辐射管布置符合设计要求	检查记录、测量，每眼大口井检测1组
3	反滤层	反滤层铺设范围、高度符合设计要求	观察、查阅记录、测量，每眼大口井量测1处
4	抽水清洗、产水量	抽水清洗、产水量符合设计要求	检测，每眼大口井检测1组

表 5-29 大口井单元工程一般项目质量标准

项次	检验项目	质量要求	检验方法、数量
1	井筒检查	井筒应平整、洁净、边角整齐，无变形；混凝土表面不得出现有害裂缝，蜂窝麻面面积不得超过总面积的1%	观察、量测，全数

续表

<table>
<tr><th>项次</th><th>检验项目</th><th colspan="3">质 量 要 求</th><th>检验方法、数量</th></tr>
<tr><td>2</td><td>辐射管</td><td colspan="3">辐射管坡向正确、线形直顺、接口平顺，管内洁净；管与预留孔（管）之间无渗漏水现象</td><td>观察，全数</td></tr>
<tr><td>3</td><td>反滤层</td><td colspan="3">反滤层层数和每层厚度符合设计要求</td><td>观察、检查记录，全数</td></tr>
<tr><td>4</td><td>密封材料</td><td colspan="3">大口井外四周封填材料、厚度符合设计要求、封填密实</td><td>观察、检查密封材料的质量保证资料，全数</td></tr>
<tr><td rowspan="4">5</td><td rowspan="4">预制井筒结构尺寸</td><td rowspan="3">筒平面尺寸</td><td>长、宽（L）/mm</td><td>±0.5%L 且≤100</td><td rowspan="4">量测，每眼大口井检测1组</td></tr>
<tr><td>曲线部分半径（R）/mm</td><td>±0.5%R 且≤50</td></tr>
<tr><td>两对角线差/mm</td><td>不超过对角线长的1%</td></tr>
<tr><td colspan="2">井壁厚度/mm</td><td>±15</td></tr>
<tr><td rowspan="7">6</td><td rowspan="7">预制井筒安装施工</td><td colspan="2">井筒中心位置/mm</td><td>30</td><td rowspan="7">量测，每眼大口井检测1组</td></tr>
<tr><td colspan="2">井筒井底高程/mm</td><td>±30</td></tr>
<tr><td colspan="2">井筒倾斜/mm</td><td>符合设计要求，且≤50</td></tr>
<tr><td colspan="2">表面平整度/mm</td><td>≤10</td></tr>
<tr><td colspan="2">预埋件、预埋管的中心位置/mm</td><td>≤5</td></tr>
<tr><td colspan="2">预留洞的中心位置/mm</td><td>≤10</td></tr>
<tr><td colspan="2">辐射管坡度</td><td>符合设计要求，且≥4‰</td></tr>
</table>

取土（石、砂）场形态指料场开采终了的边坡坡比、台阶数量及宽度，单个取土（石、砂）场形态为一个单元。取土（石、砂）场形态（开采终了）单元工程主控项目质量标准和一般项目质量标准见表5-30和表5-31。

表5-30　取土（石、砂）场形态（开采终了）单元工程主控项目质量标准

项次	检验项目	质 量 要 求	检验方法、数量
1	整体外观	场地无废料，开采面平整，外观规整	观察，全数
2	马道及平台布置	马道、平台符合设计要求	观察，全数； 量测，不少于5处

表5-31　取土（石、砂）场形态（开采终了）单元工程一般项目质量标准

项次	检验项目	质 量 要 求	检验方法、数量
1	马道及平台宽度	符合设计要求	量测，每项不少于5处
2	边坡坡比	取土（石、砂）场开采边坡坡比符合设计要求	测量，不少于5处

第五节　水土保持工程验收

按照水利部办公厅《关于加强水利建设项目水土保持工作的通知》（办水保〔2021〕143

号）文件规定及相关规范要求，应加强项目水土保持设施验收。验收应按以下原则进行：

（1）落实水土保持设施自主验收。项目法人（建设单位）要严格按照水土保持标准规范等确定的验收标准和条件，组织开展水土保持设施自主验收，并在主体工程竣工验收前完成水土保持设施验收报备。按照相关规定需要开展导（截）流、下闸蓄水等阶段验收和完工验收的，应同步进行相应阶段的水土保持设施专项验收。

（2）加强水土保持设施验收监管。各级水利部门要加强项目水土保持设施验收监督检查，督促指导“应验未验”的项目尽快开展水土保持设施验收工作，进一步加大验后核查力度，对核查中发现的水土保持违法违规行为要严格依法依规进行查处。

一、水土保持工程验收的目的

（1）检查工程施工是否达到批准的设计要求。

（2）检查工程施工中有何缺陷或问题，如何处理。

（3）检查工程是否具备使用条件。

（4）检查设计提出的管理手段是否具备。

（5）总结经验教训，为管理和技术进步服务。

（6）确认可否办理有关交接手续。

二、水土保持工程验收的依据

（1）水土保持有关法律、法规、规章和技术标准。

（2）水土保持工程相关管理制度。

（3）水土保持工程实施方案、初步设计、设计变更文件以及有关批复文件。

（4）水土保持工程计划下达、资金拨付文件。

（5）项目法人（建设单位）、设计、施工、监理、材料及苗木供货等单位出具的工作报告或技术文件，以及建设过程中形成的其他有效文件等。

（6）确认其他相关资料。

三、水土保持生态建设工程验收

为了预防和治理水土流失，保护和合理利用水土资源，减轻水、旱、风沙灾害，改善生态环境，保障经济社会可持续发展。水土保持生态建设工程验收按照水利部《关于加强水土保持工程验收管理的指导意见》（水保〔2016〕245号），《水利工程建设项目验收管理规定》（水利部令第30号）、《水土保持综合治理验收规范》（GB/T 15773—2008）、《水利水电建设工程验收规程》（SL 223—2008）以及水土保持工程管理有关规定，结合水土保持工程的特点贯彻落实验收管理工作。

（一）验收依据水土保持生态建设工程验收应当遵守国家有关技术标准、标范和规程，明确验收质量，规范验收行为，保证验收质量。

（二）验收组织形式

水土保持工程验收分为法人验收和政府验收。法人验收是政府验收的基础。

1. 法人验收。

法人验收是指在项目建设过程中由项目法人（建设单位）组织进行的验收，法人验收根据批复的实施方案（或初步设计）进行。水土保持工程的法人验收应按照相关技术标准和合同约定，对完成的各项建设内容逐项进行验收。项目法人（建设单位）、施工单位、监理单位应对水土保持林草措施的苗木与种子质量进行验收。

施工单位在完成合同约定的每项建设内容后，应向项目法人（建设单位）提出验收申请。项目法人（建设单位）应在收到验收申请之日起10个工作日内决定是否同意进行验收。项目法人（建设单位）认为建设项目具备验收条件的，应在20个工作日内组织验收。法人验收由项目法人（建设单位）主持。验收工作组由项目法人（建设单位）、设计、施工、监理、材料及苗木供应等单位的代表组成。

项目法人（建设单位）可以委托监理单位主持非关键和非重点部位的分部工程验收。淤地坝工程坝体（包括基础处理、坝体填筑等）、放水建筑物、泄洪建筑物等工程的关键部位和隐蔽工程验收必须由法人负责组织。

法人验收的主要内容如下：

(1) 现场检查工程完成情况及质量。

(2) 检查工程是否满足设计要求或合同约定。

(3) 检查是否按批准的设计内容和施工合同完成。

(4) 检查设计、施工、监理及质量检验评定等相关档案资料。

(5) 检查工程设计变更及履行程序情况。

(6) 评定工程施工质量。

(7) 对发现的问题提出处理意见。

项目法人（建设单位）应在法人验收通过之日起20个工作日内，将验收单印发施工单位。验收单应明确验收的工程、位置、数量、质量、验收时间和验收人员。

2. 政府验收。

政府验收是指由水行政主管部门或其他有关部门组织进行的验收。政府验收分为初步验收和竣工验收。初步验收是竣工验收的前提。水土保持工程初步验收由县级水行政主管部门组织，竣工验收由实施方案（或初步设计）审批部门组织。对于审批权限已下放到县级的工程，可将初步验收和竣工验收合并。

项目法人（建设单位）在项目完工且完成所有单位工程验收后1个月内，应向县级水行政主管部门提交初步验收申请。县级水行政主管部门认为具备验收条件的，应在1个月内组织验收。初步验收由县级水行政主管部门主持。验收组成员由验收主持单位、财政、发展改革等有关部门以及项目所涉及乡镇政府等单位代表和专家组成。

初步验收的主要内容如下：

(1) 全面检查实施方案（或初步设计）批复的内容与任务是否完成。

(2) 检查法人验收程序的规范性和验收结论的真实性。

(3) 检查设计变更是否履行程序。

(4) 检查资金到位及使用情况。

(5) 检查各项管理制度落实情况。

(6) 检查是否建立和落实项目法人(建设单位)负责、监理单位控制、施工单位保证的质量保证体系，鉴定工程质量是否合格。

(7) 检查工程档案。

(8) 检查建后管护责任落实情况。

(9) 检查法人验收遗留问题处理。

(10) 对发现的问题提出处理意见。

县级水行政主管部门应在初步验收通过之日起20个工作日内将初步验收意见印发项目法人(建设单位)。

项目法人(建设单位)应在通过初步验收并将遗留问题处理完成后20个工作日内，将竣工财务决算报县级财政、审计部门进行财务审查和审计。

项目法人(建设单位)应在完成竣工财务决算审查和审计后10个工作日内，提出竣工验收申请。县级水行政主管部门审核后，在10个工作日内将竣工验收申请及初步验收意见报送竣工验收主持单位。

竣工验收时，项目法人(建设单位)应提供以下资料:

(1) 工程建设、施工、监理等总结报告。

(2) 竣工财务决算报告及审计报告等其他相关文件。

(3) 竣工图及相关验收表格。

(4) 工程建设管理及财务管理等有关档案资料。

竣工验收由实施方案审批部门主持，邀请相关部门参加。竣工验收在初步验收的基础上进行，按现场抽查、内业资料检查、召开验收会议的程序进行。

现场抽查采取随机抽查方式，重点检查各项措施完成及保存情况、质量。抽查比例由各省(自治区、直辖市)根据有关技术标准结合实际情况确定。内业资料重点检查法人验收和初步验收材料，工程档案资料以及财务资料。

竣工验收主持单位应在自竣工验收通过之日起30个工作日内，制作竣工验收鉴定书，印发有关单位。初步验收和竣工验收合并的，应在竣工验收前完成竣工决算财务审查和审计。竣工验收时必须全面检查各项计划任务完成情况。工程通过竣工验收后，项目法人(建设单位)应及时与管护责任主体办理移交。

四、生产建设项目水土保持设施自主验收

根据《水利部办公厅关于加强水利建设项目水土保持工作的通知》(办水保〔2021〕143号)的规定，项目法人(建设单位)要严格按照水土保持标准规范等确定的验收标准和条件，组织开展水土保持设施自主验收，并在主体工程竣工验收前完成水土保持设施验收报备。按照相关规定需要开展导(截)流、下闸蓄水等阶段验收和完工验收的，应同步进行相应阶段的水土保持设施专项验收。

水利部办公厅印发《生产建设项目水土保持设施自主验收规程(试行)》(办水保〔2018〕133号)(以下简称《规程》)，明确了生产建设项目水土保持设施自主验收的阶

段划分、主要依据、主要内容、合格条件等要求。生产建设项目水土保持设施自主验收（以下简称自主验收）包括水土保持设施验收报告编制和竣工验收两个阶段。《规程》的适用范围为编制水土保持方案报告书的生产建设项目水土保持设施的验收。编制水土保持方案报告表的生产建设项目水土保持设施的验收规程，由省级水行政主管部门按照务实、简便、易操作的原则制定。

生产建设项目水土保持设施验收要严格按照《生产建设项目水土保持设施验收规程》（GB/T 22490—2016）、《关于加强事中事后监管规范生产建设项目水土保持设施自主验收的通知》（水保〔2017〕365 号）及《水利部办公厅关于印发生产建设项目水土保持设施自主验收规程（试行）的通知》（办水保〔2018〕133 号）实施，生产建设项目水土保持设施验收包括自查初验、自主验收、行政抽检。

水土保持监理机构应参与涉及水土保持的分部工程、单位工程验收，以及工程阶段水土保持设施验收、临时占地水土保持设施验收、工程竣工水土保持设施验收［含分段（片、项）水土保持设施验收］。

（一）分部工程验收中，水土保持监理机构的主要工作

（1）在施工单位提出涉及水土保持的分部工程验收申请后，水土保持监理机构应参与检查分部工程完成情况和水土流失防治效果，对被验分部工程存在的水土流失问题提出处理意见。

（2）参与审核施工单位提交的涉及水土保持的分部工程相关验收资料，协调相关单位对资料中存在的问题进行补充、完善。

（3）对初步拟定的分部工程验收签证中有关水土保持的内容提出意见。

（4）参加分部工程验收，并在分部工程验收签证中签字。

（5）督促建设单位组织施工单位落实分部工程验收签证中提出的水土保持遗留问题处理意见。

（二）单位工程验收中，水土保持监理机构的主要工作

（1）在施工单位提出涉及水土保持的单位工程验收申请后，水土保持监理机构应参与检查单位工程完成情况、水土流失防治效果和分部工程验收遗留水土保持问题处理情况，对被验单位工程存在的水土流失问题提出处理意见。

（2）参与审核施工单位提交的涉及水土保持的单位工程相关验收资料，协调相关单位对资料中存在的问题进行补充、完善。

（3）对初步拟定的单位工程验收鉴定书中有关水土保持的内容提出意见。

（4）参加单位工程验收，并在单位工程验收鉴定书中签字。

（5）督促建设单位组织施工单位落实单位工程验收鉴定书中提出的水土保持遗留问题处理意见。

（6）工程阶段水土保持设施验收、临时占地水土保持设施验收中，水土保持监理机构的主要监理工作应包括下列内容：

1）核查验收范围内施工单位的水土保持工作完成情况，督促建设单位组织施工单位对存在的水土流失问题进行处理。

2）编制提交相应的水土保持监理成果，并准备备查资料。

3）参加验收会议，解答验收组提出的相关问题，并在验收表、验收鉴定书上签字。

4）督促落实验收表、验收鉴定书中提出的水土保持遗留问题处理意见。

（7）工程竣工水土保持设施验收［含分段（片、项）水土保持设施验收、移民安置工程水土保持设施验收］中，水土保持监理机构的主要监理工作应包括下列内容：

1）协助建设单位核查历次验收遗留水土保持问题的处理情况。

2）编制并提交水土保持监理工作报告，并准备备查资料。

3）参加验收会议，并向验收组报告工程水土保持监理情况，解答验收组提出的相关问题，并在验收鉴定书上签字。

水土保持设施验收应提供的资料见表5-32。

表5-32　　水土保持设施验收应提供的资料

序号	资料名称
1	工程建设大事记
2	水土保持设施建设大事记
3	拟验工程清单、未完成工程清单、未完成工程的建设安排及完成工期、存在问题及解决建议
4	分部工程验收签证或单位工程验收鉴定书
5	水土保持方案及有关批文
6	水土保持工程设计和设计工作报告
7	各级水行政主管部门历次监督、检查及整改等书面意见和要求
8	水土保持工程施工总结报告
9	水土保持工程质量评定报告
10	水土保持监理总结报告
11	水土保持方案实施工作总结报告
12	水土保持设施竣工验收技术报告
13	水土保持监测总结报告
14	水土保持设施验收技术评估报告

（三）水行政主管部门核查

水行政主管部门应在出具报备回执12个月内，从已报备的生产建设项目中选取水土保持监测评价结论为“红色”的，或者根据在验收报备材料核查的情况中发现可能存在较严重水土保持问题的，开展水土保持设施验收情况核查。

1. 核查形式及内容

核查应当依据水土保持设施验收标准和条件开展，重点核查验收材料、验收程序、措施落实和防治效果等内容。

水土保持设施完成情况核查以重点抽查和随机抽查相结合的方式进行。水土保持设施质量核查以查阅监理资料为主，结合现场随机抽查的方式进行。水土流失防治效果核查以查阅监测资料和现场随机抽查的方式进行。

2. 主要程序

根据生产建设项目的情况，可以邀请项目所在地相关水行政主管部门或者专家参加。

（1）印发核查通知。

（2）现场核查并查阅有关资料。

（3）听取生产建设单位和其他参建单位情况介绍并问询。

（4）形成核查结论并及时印发核查意见。

3. 整改落实

核查意见主要内容包括核查工作开展情况、发现的问题、核查结论及下一步要求等。对于核查结论为“视同为水土保持设施验收不合格”的，应当列出核查发现的问题清单，并以书面形式告知生产建设单位，责令其限期整改。逾期不整改或者整改不到位即投产使用的，由地方水行政主管部门按照《中华人民共和国水土保持法》第五十四条的规定进行处罚。

第六节 水土保持档案管理

水土保持工程档案管理是保证工程质量和安全的重要环节，是水土保持工程建设管理化、程序化、制度化、规范化的具体体现。本节结合《水土保持综合治理验收规范》（GB/T 15773—2008）技术档案要求和《水利工程建设项目档案管理规定》（水办〔2021〕480 号文）规定进行阐述。

一、水土保持工程技术档案

《水土保持综合治理验收规范》（GB/T 15773—2008）中对技术档案的基本要求是明确档案制度，资料及时归档。

技术档案的主体，应包括综合治理过程中各个工作环节形成的各类技术资料。各级水土保持主管部门和实施主持单位应把各项技术资料的积累、整理和建立技术档案工作作为综合治理任务中一个组成部分，并列入治理项目相关人员的职责范围。工作开始，就应明确建立档案的制度，对每一工作环节的每一技术资料，均应妥善保存，及时归档，不得丢失，不得私人据为己有。

各级技术档案的建立和清理，应由各级主要技术负责人主持，有关人员参加。各分项档案的建立和清理，应由各分项技术负责人主持或参加。由几个单位协作完成的项目，其技术档案应由主办单位主持办理，并保存一整套；参加协作的单位应负责完成分工承担的部分技术档案，并保存本部门档案正本，同时将复制本送交主办单位保存。项目内容齐全，资料确切可靠。

对水土保持中和治理过程中的规划、设计、工程施工、监理、检查验收、经营管理等几个主要技术环节，以及每一个环节中涉及的有关各方面的技术资料，均应收集、整理齐全；如有丢失、漏缺等，应及时设法弥补，直到齐全为止。

各项主要技术成果，应包括文字和必要的图、表；收集的原始资料（作为辅助性技术成果)，除文字、图、表外，还应包括必要的照片、录音、录像等，应建立电子档案。纸质文件材料和电子档案材料应各归档 1 份。重要的和使用频繁的，应根据需要复制副本，归档 2～3 份。

(一) 技术档案主要内容

1. 反映工作过程的主要文献

主要文献包括上级主管部门提出规划与治理的任务书（或通知），项目主管单位或实施主持单位上报的申请书和上级的批复，引用的外资考评过程中的有关文献，上级主管部门、项目主管单位、实施主持单位之间签订的合同等。当治理项目同时又是科研项目时，应有课题报告、课题论证等文献。

2. 反映工作部署的主要文件

主要文件包括规划与治理过程中重要会议的《纪要》，重要问题的书面汇报、请示和上级批复的文件，有关领导同志检查指导工作时的谈话记录等。

3. 反映验收情况的主要文件

主要文件包括治理成果，历次阶段验收和竣工验收的会议记录、总结、纪要等材料，特别是上级主管部门验收的书面意见和竣工验收的《合格证书》等。

4. 各个工作环境的主要技术成果

综合技术成果分为以下三个方面，同时应按此分类将技术结果及时整理归档。

(1) 调查报告：包括自然条件、自然资源、水土流失情况、社会经济情况、水土保持治理现状、开展水土保持的意见等。在大面积综合调查中，还需有分区的调查成果和各种不同类型区内典型小流域或村的调查成果，同时应有上述各种调查的原始记录。

(2) 附表与附图：包括为配合上述报告内容而填制的各类附表与绘制的各种附图，在各类附图中，最主要的是水土流失、土地利用和治理措施现状图，其余如地貌、土壤、植被、降雨等分布图，有条件已制成的，也应整理归档。

(3) 电子档案：包括调查报告、附图、附表的电子档案和水土保持治理区的基本属性数据库等。

5. 规划、设计成果

(1) 规划总体布局、土地利用规划、各项治理措施规划、重点工程规划等的规划报告及其附表、附图、电子文件。

(2) 小面积规划中应有土地利用规划与治理措施规划落实到地块的附图，同时应有沟壑治理的坝系规划图、崩岗治理的措施和配置图；大面积规划中应有水土流失类型分布图(或水土保持区划图)、各分区内典型小流域（村）的土地利用规划与治理措施规划图，以及重点防护区、重点监督区、重点治理区分布图。

(3) 各项治理措施在不同类型地区的标准设计或定型设计，包括坡耕地治理中各类措施（梯田、保土耕作法、坡面小型蓄排工程），荒地治理中各类林型、林种、整地工程，沟壑治理中的各类措施（沟头防护、谷坊、小型淤地坝、塘坝等）的设计文字说明和平面布置与断面示意图。

(4) 大型淤地坝、小（2）型及以上小水库、治沟骨干工程等重点工程以座为单元的专项规划、设计（包括坝址选定、设计洪水、调洪演算、建筑物平面布置、断面设计、坝库运用安排等）的文字说明和附表、附图。

6. 水土保持综合治理验收成果

（1）单项措施验收成果。将单项措施的验收单、验收图和验收表三项归档。

（2）阶段验收成果。将《水土保持综合治理阶段验收报告》与相关图表、《水土保持综合治理竣工总结报告》及其附表、附图、附件归档。

（3）竣工验收成果。将《水土保持综合治理阶段验收报告》与相关图表、《水土保持综合治理竣工总结报告》及其附表、附图、附件归档。

7. 各个工作环节的辅助性技术成果

（1）综合调查的辅助性技术成果包括调查过程中向有关单位索取的技术资料、现场观察（或观测）的情况记载（包括文字、照片、录像）、向有关人员口头调查的谈话记录和录音、有关数据的统计计算过程等，调查工作结束后应及时整理归档。

（2）规划设计的辅助性技术成果包括为规划设计提供依据的技术资料（文字、图、表）、暴雨洪水资料、规划设计草图、规划设计的计算过程、规划设计不同比较方案的研究过程、规划设计修改过程（修改几次全部保存）等，在规划设计工作结束后，及时整理归档。

（3）工程施工中的辅助性技术成果：

1）各承包施工单位对每一单项措施或分部工程逐日（或每旬）出工数量记录、相应完成的措施工程量记录（由此求得实际用工定额）。

2）各单项治理措施或分部工程使用物资（种子、树苗、水泥、炸药、柴油等）记录、相应完成的措施工程量记录（由此求得实际用料定额）。

3）施工过程中对各单项治理措施或分部工程质量检查的原始记录。

4）施工过程中遇暴雨洪水或其他事故，进行抢救或处理的记录和总结。

（4）验收中辅助性技术成果。包括自查初验的原始记录、各类统计数据的原始资料与计算过程、各项措施四类效益的计算过程、施工单位领取补助费的收据等。

（二）技术档案管理与使用

1. 档案管理

（1）分类建档：按规划设计、工程施工、检查验收工作过程，对规划设计、工程施工、监理、检查验收、经营管理等几个主要技术环节进行分类，同时将主要技术成果与辅助性技术成果既有区别、又相配套地纳入分类系统，分别建档。

（2）分组建档：各级主管部门、流域机构、省（自治区、直辖市）、地（盟、市）、县（旗、市）和基层实施单位，在建档内容和要求上应各有侧重。前述各项建档内容和要求主要适用于县级主管部门和基层实施单位；地区以上各级主管部门，应根据工作需要，酌情增减其中某些内容。下级建档情况应向上级汇报，并得到上级的指导和协助。上级建档时，下级应积极提供有关资料。

2. 档案保存

（1）长期保存（15 年以上）：包括流域综合调查资料（含有关声像、测绘资料）、综合治理规划、重点工程设计、重要专题报告、综合治理总结、竣工验收成果等。

（2）中期保存（5～15年）：包括一般技术成果、重要辅助性技术成果、重要工作计划、财务账目等（财务账目可交财务部门归档，但需保存目录备查）。

（3）短期保存（3～5年）：包括各类原始资料、年度计划、监督工作总结、一般日常行文等。

3. 档案的使用

（1）归档材料移交时，移交部门或移交人应编制移交目录，一式两份。交接时应按目录内容当面清查，并在交接单上签字。

（2）档案材料借阅时，应在借阅单上填清材料名称、份数，并规定归还时间，由借阅者签字，到期及时送还归档。

二、水利工程建设项目档案管理规定

为了进一步加强水利工程建设项目档案（以下简称项目档案）规范化管理，根据《中华人民共和国档案法》《政府投资条例》《建设项目档案管理规范》等法律法规和标准规范，结合项目档案管理工作实际，制定《水利工程建设项目档案管理规定》（水办〔2021〕480号文）。

《水利工程建设项目档案管理规定》（水办〔2021〕480号文）规定，项目档案是指水利工程建设项目在前期、实施、竣工验收等各阶段过程中形成的，具有保存价值并经过整理归档的文字、图表、音像、实物等形式的水利工程建设项目文件。

项目档案工作是水利工程建设项目建设管理工作的重要组成部分，应融入建设管理全过程，纳入建设计划、质量保证体系、项目管理程序、合同管理和岗位责任制，与建设管理同步实施，所需费用应列入工程投资。项目档案应完整、准确、系统、规范和安全，满足水利工程建设项目建设、管理、监督、运行和维护等活动在证据、责任和信息等方面的需要。涉及国家秘密的项目档案管理工作，必须严格执行国家和水利工作中有关保密法律法规和规定。各级水行政主管部门、流域管理机构应按照管理权限和职责范围，会同档案主管部门做好项目档案监督检查和指导工作。

（一）组织机构及职责任务

（1）项目法人（建设单位）对项目档案工作负总责，实行统一管理、统一制度、统一标准；业务上接受档案主管部门和上级主管部门的监督检查和指导。主要履行以下职责任务：

1）明确档案工作的分管领导，设立或明确与工程建设管理相适应的档案管理机构；建立档案管理机构牵头，工程建设管理相关部门和参建单位参与、权责清晰的项目档案管理工作网络。

2）制定项目文件管理和档案管理相关制度，包括档案管理办法、档案分类大纲及方案、项目文件归档范围和档案保管期限表、档案整编细则等。

3）在招标文件中明确项目文件管理要求。与参建单位签订合同、协议时，应设立专门章节或条款，明确项目文件管理责任，包括文件形成的质量要求、归档范围、归档时间、归档套数、整理标准、介质、格式、费用及违约责任等内容。监理合同条款还应明确监理单位对所监理项目的文件和档案的检查、审查责任。

4）建立项目文件管理和归档考核机制，对项目文件的形成与收集、整理与归档等情况进行考核。对参建单位进行合同履约考核时，应对项目文件管理条款的履约情况做出评价；在合同款完工结算、支付审批时，应审查项目文件归档情况，并将项目文件是否按要求管理和归档作为合同款支付前提条件。应将项目档案信息化纳入项目管理信息化建设，统筹规划、同步实施。对档案主管部门和上级主管部门在项目档案监督检查工作中发现的问题及时整改落实，对检查发现的档案安全隐患应及时采取补救措施予以消除。

（2）项目法人（建设单位）与参建单位应配备满足工作需要的档案管理人员，在工程建设期间不得随意更换，确需变动的，必须对其负责的项目文件办理交接手续。档案管理人员应具备档案专业知识和技能，掌握一定的工程管理和水利工程技术专业知识，经过项目档案管理业务培训。项目法人（建设单位）与参建单位应保障档案工作经费，满足项目文件收集整理归档、档案库房管理、档案信息化建设、档案数字化及服务外包等工作需要。项目法人（建设单位）档案管理机构主要履行以下职责任务：

1）组织协调工程建设管理相关部门和参建单位实施项目档案管理相关制度。

2）负责制定项目档案工作方案，对参建单位进行项目文件管理和归档交底。

3）负责监督、指导工程建设管理相关部门及参建单位项目文件的形成、收集、整理和归档工作。

4）组织工程建设管理相关人员和档案管理人员开展档案业务培训。

5）参加工程建设重要会议、重大活动、重要设备开箱验收、专项及阶段性检查和验收。

6）负责审查项目文件归档的完整性和整理的规范性、系统性。

7）负责项目档案的接收、保管、统计、编研、利用和移交等工作。

（3）项目法人（建设单位）工程建设管理相关部门主要履行以下职责任务：

1）负责对水利工程建设项目技术文件的规范性提出要求。

2）负责对勘察、设计、监理、施工、总承包、检测、供货等单位归档文件的完整性、准确性、有效性和规范性进行审查。

3）负责对本部门形成的项目文件进行收发、登记、积累和收集、整理、归档。

（4）参建单位主要履行以下职责任务：

1）建立符合项目法人（建设单位）要求且规范的项目文件管理和档案管理制度，报项目法人（建设单位）确认后实施。

2）负责本单位所承担项目文件收集、整理和归档工作，接受项目法人（建设单位）的监督和指导。

3）监理单位负责对所监理项目的归档文件的完整性、准确性、系统性、有效性和规范性进行审查，形成监理审核报告。

（5）实行总承包的建设项目，总承包单位应负责组织和协调总承包范围内项目文件的收集、整理和归档工作，履行项目档案管理职责和任务。各分包单位负责其分包部分文件的收集、整理，提交总承包单位审核，总承包单位应签署审查意见。

（二）项目文件管理

项目文件内容必须真实、准确，与工程实际相符；应格式规范、内容准确、文字清晰、页面整洁、编号规范、签字及盖章完备，满足耐久性要求。

水利工程建设项目重要活动及事件，原始地形地貌，工程形象进度，隐蔽工程，关键节点工序，重要部位，地质、施工及设备缺陷处理，工程质量或安全事故，重要芯样，工程验收等，必须形成照片和音视频文件。竣工图是项目档案的重要组成部分，一般由施工单位负责编制，须符合《水利工程建设项目竣工图编制要求》。

项目法人（建设单位）负责组织或委托有资质的单位编制工程总平面图和综合管线竣工图。

项目文件应在文件办理完毕后及时收集，并实行预立卷制度。工程建设过程中形成的、具有查考利用价值的各种形式和载体的项目文件均应收集齐全，并依据归档范围确定其是否归档。

项目文件整理应遵循项目文件的形成规律和成套性特点，按照形成阶段、专业、内容等特征进行分类。

项目文件组卷及排列可参照《建设项目档案管理规范》（DA/T 28—2018）；案卷编目、案卷装订、卷盒、表格规格及制成材料应符合《科学技术档案案卷构成的一般要求》（GB/T 11822—2008）；数码照片文件整理可参照《数码照片归档与管理规范》（DA/T 50—2014）；录音录像文件整理可参照《录音录像档案管理规范》（DA/T 78—2019）的要求。

（三）项目文件归档

项目法人（建设单位）应按照《水利工程建设项目文件归档范围和档案保管期限表》，结合水利工程建设项目实际情况，制定本项目文件归档范围和档案保管期限表。

归档的项目文件应为原件。因故使用复制件归档时，应加盖复制件提供单位公章或档案证明章，确保与原件一致，并在备考表中备注原件缺失原因。

项目法人（建设单位）与参建单位按照职责分工，分别组织对归档文件进行质量审查。对审查发现的问题，各单位应及时整改，合格后方可归档。每个审查环节均应形成记录和整改闭环。

施工文件、设备采购制造文件组卷、整理完毕并自查后，依次由监理单位、项目法人（建设单位）工程建设管理部门、项目法人（建设单位）档案管理机构进行审查。信息系统文件组卷、整理完毕并自查后，依次由监理单位、项目法人（建设单位）信息化管理部门、项目法人（建设单位）档案管理机构进行审查。监理文件、总承包文件（实行总承包建设模式的项目）、科研项目文件和第三方检测文件组卷、整理完毕并自查后，依次由项目法人（建设单位）工程建设管理部门、项目法人（建设单位）档案管理机构进行审查。项目法人（建设单位）各部门文件依次由部门负责人、项目法人（建设单位）档案管理机构进行审查。

项目文件经规范整理及审查后应及时归档。前期文件在相关工作结束时归档；管理性文件宜按年度归档，同一事由产生的跨年度文件在办结年度归档；施工文件（含竣工图）在项目合同验收后归档，建设周期长的项目可分阶段或按单位工程、分部工程归档；设备制造采购文件在相关工作完成后归档；信息系统开发文件在系统验收后归档；监理文件在监理的项目合同验收后归档；第三方检测文件在检测工作完成后集中归档；科研项目文件在结题验收后归档；生产准备、试运行文件在试运行结束时归档；实行总承包的项目文件在项目合同验收后归档；各专项验收和竣工验收文件在验收通过后归档。

项目法人（建设单位）可根据实际需要，确定项目文件的归档份数，应满足以下要求：

(1) 项目法人（建设单位）应保存1套完整的项目档案，并根据运行管理单位需要提供必要的项目档案。

(2) 工程涉及多家运行管理单位时，各运行管理单位只保存与其管理部分有关的项目档案。

(3) 有关项目文件需由若干单位保存时，原件应由项目产权单位保存，其他单位保存复制件。

(4) 国家确定的重要江河、湖泊建设的流域控制性工程，跨流域的大型水利工程，流域内跨省级行政区域、涉及省际边界的大型水利工程，项目法人（建设单位）应负责向流域机构档案馆移交1套完整的工程前期文件、竣工图及竣工验收等相关档案。

（四）项目档案管理

项目法人（建设单位）与参建单位应建设与档案工作任务相适应的、符合规范要求的档案库房，配备必要的档案装具和设施设备；应建立档案库房管理制度，采取相应措施做好防火、防盗、防水、防潮、防有害生物等防护工作，确保档案实体安全和信息安全。

项目法人（建设单位）档案管理机构应建立项目档案管理卷，对项目建设过程中形成的能够说明档案管理情况的有关材料组成专门案卷，包括项目概况、管理办法、分类方案、整理细则、归档范围和保管期限表、标段划分、参建单位归档情况、档案收集整理情况、交接清册等。

项目法人（建设单位）档案管理机构应依据保管期限表对项目档案进行价值鉴定，确定其保管期限，同一卷内有不同保管期限的文件时，该卷保管期限应从长。项目档案保管期限分为永久、30年和10年。

项目法人（建设单位）应建立档案利用制度，对档案利用范围、对象、审批程序等作出规定，涉密档案的借阅利用应严格按照保密管理规定执行。项目法人（建设单位）档案管理机构应对项目档案接收、保管、利用等情况进行统计并建立台账，按时向上级主管部门报送《水利工程建设项目档案管理情况表》。

（五）项目电子文件和电子档案管理

项目法人（建设单位）应根据项目文件归档范围，结合工程建设实际情况，确定项目电子文件归档范围。项目电子文件形成部门负责电子文件的归档工作，项目法人（建设单位）档案管理机构负责项目电子文件归档的指导、协调和电子档案接收、保管、利用等工作。

项目电子文件在办理完毕后，应按照归档要求及时收集完整；项目电子文件整理应按照档案分类方案分别组成多层级文件信息包，文件信息包应包含项目电子文件及过程信息、版本信息、背景信息等元数据。项目电子文件完成整理后，由形成部门负责对文件信息包进行鉴定和检测，包括内容是否齐全完整、格式是否符合要求、与纸质或其他载体文件内容的一致性等；项目法人（建设单位）档案管理机构在接收电子文件归档时，应进行真实性、可靠性、完整性、可用性检验，检验合格后，办理交接手续。

项目法人（建设单位）应按照国家有关规定及《电子文件归档与电子档案管理规范》（GB/T 18894—2016）等标准规范开展电子文件归档与电子档案管理工作，完善管理制度，配备软硬件设施，建立电子档案管理系统。电子档案管理系统应当功能完善、适度前瞻，满足电子档案管理要求。项目法人（建设单位）应开展纸质载体档案数字化工作，档案扫描、图像处理和存储、目录建库、数据挂接等工作应符合《纸质档案数字化技术规范》（DA/T 31—2005）有关规定，数字化范围根据工程建设实际情况并参照《建设项目档案管理规范》（DA/T 28—2018）有关规定确定。委托第三方进行数字化加工时，委托单位应与数字化加工单位签订保密协议，确保档案信息安全。

（六）档案验收与移交

项目档案验收是水利工程建设项目竣工验收的重要内容，大中型水利工程建设项目在竣工验收前要进行档案专项验收，其他水利工程建设项目档案验收应与竣工验收同步进行。

项目档案专项验收一般由水行政主管部门主持，会同档案主管部门开展验收。地方对项目档案专项验收有相关规定的从其规定。档案专项验收前，验收主持单位或其委托的单位应根据实际情况开展验收前检查评估工作，落实验收条件是否具备，针对检查发现的问题提出整改要求，问题整改完成后方可组织验收。项目法人（建设单位）在项目档案专项验收前，应组织参建单位对项目文件的收集、整理、归档与档案保管、利用等进行自检，并形成档案自检报告。自检达到验收标准后，向验收主持单位提出档案专项验收申请。

自检报告应包括：工程概况，档案管理情况，项目文件的收集、整理、归档与档案保管、利用等情况，竣工图的编制与整理情况，档案自检工作的组织情况，对自检或以往阶段验收发现问题的整改情况，档案完整性、准确性、系统性、规范性和安全性的自我评价等内容。

监理单位在项目档案专项验收前，应组织对所监理项目档案整理情况进行审核，并形成专项审核报告。专项审核报告应包括：工程概况，监理单位履行审核责任的组织情况，审核所监理项目档案（含监理和施工）的范围、数量及竣工图编制质量情况，审核中发现的主要问题及整改情况，对档案整理质量的综合评价，以及审核结果等内容。

项目档案专项验收按照水利部《水利工程建设项目档案验收管理办法》执行。凡是档案内容与质量达不到要求的水利工程建设项目，不得通过档案验收；未通过档案验收或档案验收不合格的，不得进行或通过竣工验收。

参建单位应在所承担项目合同验收后 3 个月内向项目法人（建设单位）办理档案移交，并配合项目法人（建设单位）完成项目档案专项验收相关工作；项目法人（建设单位）应在水利工程建设项目竣工验收后半年内向运行管理单位及其他有关单位办理档案移交。

项目档案移交时，应填写《水利工程建设项目档案交接单》，编制档案交接清册，包括档案移交的内容、数量、图纸张数等，经双方清点无误后办理交接手续。

停、缓建的水利工程建设项目，项目档案由项目法人（建设单位）负责保存。项目法人（建设单位）撤销的，应向项目主管部门或有关档案机构办理档案移交。

思　考　题

1. 水土保持单元工程质量评定类型分为几个类别？
2. 生态建设项目水土保持工程竣工的验收成果是什么？
3. 水土保持工程质量评定的依据？
4. 水土保持工程施工质量评定由哪个单位组织？
5. 档案验收与移交的资料主要有哪几个部分组成？

第六章　水土保持监理案例

本章旨在通过实例向读者简要介绍部分省份的生产建设项目和生态建设项目水土保持的措施内容、监测方法、恢复成果、第三方评估以及监理控制的方法、重点等，以体现水土保持工程对构建生态平衡的重要性，可让读者对水土保持监理工作有直观的了解，在今后开展监理工作时有所借鉴。

实例一　某风电场水土保持措施与质量评定

某风电场工程位于云南某地区，利用哀牢山山脉东南侧余脉新建风电场，安装单机容量1500kW的风电机组33台，装机容量49.5MW。区域河流属于红河水系。拟建风电场工程区内无河流穿过，距离本风电场工程区较近水利工程包括两座水库。风电场施工道路与水库之间有现有乡村道路相隔。根据图6-1分析及现场调查，拟建风电场工程均不在水库径流区范围内，风电场施工期间不会对水库产生影响。本工程设置的6个弃渣场与水库距离均较远，而且有山体阻隔，弃渣场也不会对水库产生影响。

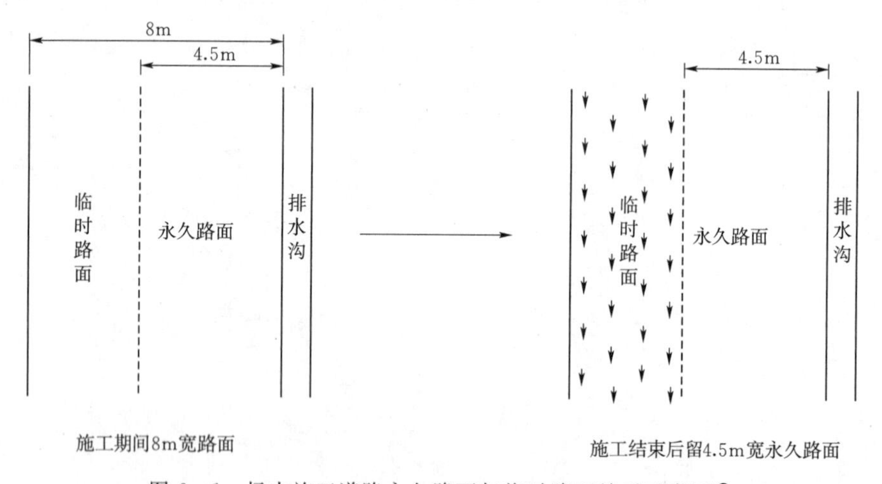

图6-1　场内施工道路永久路面与临时路面关系示意图❶

区域内的植被属亚热带半湿润常绿阔叶林，受人类活动干扰严重，工程区已没有原生植被类型存在，主要为以云南松为主的次生林和人工林，林草植被覆盖率约为70%。工程区主要土壤类型为红壤。

针对各防治分区所处位置、地形地貌、自然条件、施工工艺及水土流失产生的特点，

❶ 图片来源于实例提供单位。

主体工程具有水土保持功能，采取有效的工程措施、植物措施、临时防护措施。对于弃渣场等“点”状位置，以拦挡、排水措施为先导，土地整治措施和植物措施相结合，通过建立综合的防治措施体系，使弃渣场的水土流失得到有效控制；对于道路等“线”状位置，应以工程措施为主，植物措施为辅，使施工道路沿线的水土流失得到有效控制；对于整个施工作业“面”，应以土地整治工程和植物措施相结合，合理利用土地资源改善施工场地区生态环境。

1. 水土保持措施

（1）工程措施：修建挡墙117m，蓄水池7座（带沉沙池），排水沟10003m（土质排水沟7810m，浆砌石排水沟2193m）；剥离表土11400m^3（自然方），收集表土34300m^3（自然方），土石方开挖3107m^3，M7.5浆砌石3550m^3。

（2）植物措施：覆土45700m^3，种植乔、灌木各2387株，种草面积15.08hm^2，画眉草、白三叶草籽905kg，抚育管理15.08hm^2，铺无纺布53986m^2，压边编织袋37m^3，复耕面积18.13hm^2。

（3）排水措施：由于道路工程区一些路段需要过水（多用于不超过8m的挖填地段），通过安装圆管涵将水流引至路基外，圆管涵规格为ϕ800mm，长度为1414m，圆管涵为涵洞的一种构造形式，具有造价低、施工快捷等优势，同时可有效防止水体直接冲刷路基及地表，间接地起到了防治水土流失的作用。

（4）边坡挡护措施：根据地形条件，场内施工道路采用半挖半填路基。同时场地相对平缓，路基挖填高度均相对较小，填方路基拟采用自然放坡，局部高填路段设置少量路肩挡墙；挖方路基拟采用自然放坡，局部采取边坡支护措施。边坡支护措施主要为M7.5浆砌石砌筑挡土墙和护面墙，长度为715m，断面工程量为5.5m^3，高度为0.5～2.0m，M7.5浆砌石约为3924m^3。

（5）临时措施：临时排水沟10370m，临时编织土袋挡墙长2406m，铺土工膜10370m^2，铺彩条布19657m^2，土石方开挖1820m^3。

2. 水土保持工程项目划分

根据《水土保持工程质量评定规程》（SL 336—2006）的划分标准，结合《水土保持方案可行性研究报告书》，对该工程水土保持项目进行划分如下，具体评定标准见表6-1。

（1）植物措施：进场和场内道路、风机平台、集电线路塔基植被恢复。

（2）工程措施：浆砌石挡墙、素混凝土排水沟、涵洞、沉砂池等。

表6-1　质量等级标准

项目	质量等级	质量等级标准
单位工程	合格	分部工程质量全部合格，中间产品质量及原材料质量全部合格，大中型工程外观质量得分率达到70%以上
	优良	分部工程质量全部合格，其中有50%以上达到优良，主要分部工程质量优良，中间产品质量及原材料质量全部合格，大中型工程外观质量得分率达到85%以上，施工质量检验资料齐全

续表

项目	质量等级	质量等级标准
分部工程	合格	单元工程质量全部合格，中间产品质量及原材料质量全部合格
	优良	单元工程质量全部合格，其中有50%以上达到优良，主要单元工程、重要隐蔽工程及关键部位的单元工程质量优良，且未发生过质量事故。中间产品质量及原材料质量全部合格
单元工程	质量等级标准按相关技术标准执行，核定单元工程质量时，除应检查工程现场外，还应对该单元工程的施工原始记录、质量检验记录等资料进行查验，确认单元工程质量判定表数据、内容的真实性和完整性，必要时可进行抽检。同时应在单元工程质量评定表中明确记载质量等级的核定意见	

3. 水土保持工程措施的检验评定

本项目水土保持工程措施的检验评定都纳入主体工程检验评定，其项目主要有拦挡工程、斜坡防护工程等，主要抽查的水土保持工程措施包括浆砌石挡墙。水土保持工程措施共有117个单元工程，经工程质量检验评定合格率100%，优良率0.00%，质量评定总体合格，见表6-2。

表6-2　　水土保持工程措施质量评定表

单位工程	分部工程	布设位置	单元工程划分	质量评定				
				合格项数	合格率/%	优良项数	优良率/%	质量评定等级
工程措施	浆砌石挡墙	平台及道路旁	35	35	100	0	0	合格
	排水沟工程	进场、场内道路	82	82	100	0	0	合格

根据上述评定情况，本项目建设过程中工程措施各单元工程达到合格标准，按照分部工程质量评定标准，单元工程质量全部合格，中间产品质量及原材料质量全部合格，本项目分部工程确定为合格。

4. 植物措施质量检验

植物措施的质量检验是按照分部工程要求进行的。在材料检验方面，主要检查苗木、种子、草皮的质量和数量，审查外购苗木、种子的检疫证明；施工单位自检苗木、种子的质量、数量以及草皮密度和整洁度；工程质量抽检的主要指标有植树、整地规格、苗木栽植密度、成活率和造型；草坪的均匀度、密度、草块滚压是否符合要求、有无杂草、秃斑情况、覆盖度是否达到设计要求。监理人员主要对单元工程抽查，评定单元质量指标是否达到设计要求；竣工验收则采取最后清算的办法，以成活率、合格率和外观质量来确定工程的优劣。

根据以上质量检验体系和检验方法，本工程水土保持植物措施经检验合格率100%，优良率80.0%，质量评定总体合格，见表6-3。

表6-3　　水土保持植物措施质量评定表

单位工程	分部工程	布设位置	单元工程划分	质量评定				
				合格项数	合格率/%	优良项数	优良率/%	质量评定等级
植被建设工程	点片状植被	进场道路	45	45	100	0	0	合格
		场内道路	80	80	100	0	0	合格
		风机平台	106	106	100	0	0	合格
合计			231	231	100	0	0	合格

根据上述评定情况，本项目建设过程中植物措施各单元工程达到合格标准，按照分部工程质量评定标准，单元工程质量全部合格，中间产品质量及原材料质量全部合格，本项目植物措施确定为合格。

综上所述：本工程水土保持建设项目监理单位的质量控制是重点，植物工程措施质量合格率为100%；确定工程质量评定等级；难点在于工程建设进度要符合与主体工程同时设计、同时施工、同时发挥效益的“三同时”规定；为做好同类项目水土保持监理工作提供借鉴。某风电场水土保持工程治理后的工程实例如图6-2所示。

(a)主线场内道路现状　(b)风机平台现状

(c)塔基撒草绿化　(d)渣场现状

(e)渣场现状道路边坡绿化　(f)集电线路区现状

图6-2　某风电场水土保持工程治理后的实例图[1]

[1] 照片来源于实例提供单位。

实例二 某石灰岩采矿点水土保持工程监理质量控制

本例主要介绍生产建设项目水土保持工程的监理质量控制成果，质量控制工作是水土保持工程监理工作的基础也是重点，可为做好同类项目水土保持监理工作提供借鉴。

某石灰岩采矿点行政区位于西安，矿区南有綦（江）万（盛）高速公路经过，矿区距离綦（江）万（盛）高速公路×××镇平山站约3km，矿区总体交通状况较好。采矿点由5个拐点圈定，矿区面积0.038km^2，矿区开采标高＋365～＋312m，石灰岩矿资源储量（122b）2043万t，可采储量1737万t，矿山露天开采，工程总投资400万元，按25万t/年生产规模计算，矿山服务年限可达6.2年，主体工程选址不存在水土保持制约性因素，主体工程已列工程措施和绿化工程措施以及临时排水和临时沉沙、覆盖等措施合理配置，形成水土保持综合防治措施体系。具有水土保持功能的各项措施主要集中在矿区内，包括表土剥离、开挖边坡的稳定措施等，见表6-4。

表6-4　水土保持措施布局和主要工程量

防治分区	已有措施	新增措施
矿山开采防治区	表土剥离11400m^3；截排水沟480m；植物措施3.80hm^2	临时覆盖5000m^2，临时沉沙池7座
临时设施防治区	挡墙120m	排水沟100m，种植苗木400株，临时覆盖2000m^2
生产生活防治区	植物措施1.75hm^2	编织袋土埂1400m
老采空防治区	排水沟120m；植物措施1.96hm^2	临时沉沙池2座

监理机构采取的质量控制措施主要有下面几个方面：

（1）表土剥离措施：工程施工前对林地表土进行剥离，可剥离面积约为1.75hm^2，剥离厚度为0.65m，共剥离表土约11400m^3，集中堆置于表土临时堆场，用于后期绿化覆土。

（2）开挖边坡稳定措施：本矿山内石灰岩基本裸露于地表，剥离量不大，矿山总剥采比在0.02∶1左右，所采矿石厚度大，矿体与围岩质硬，整体性较好，适宜采用露天方式开采。矿山采用从上至下台阶式开采。石料开采结束后，及时清理开挖面的浮石和碎石等，对于局部不稳定的地方采取喷混凝土等方式进行处理，对于最终级边坡在清除浮石和碎石后，进行全面喷混凝土处理，喷混凝土的边缘与截水沟边缘相接，这样可以确保最终级边坡的安全稳定。

主体工程采取的开挖方式及喷混凝土等处理方式有利于增加边坡的稳定，避免开挖过程中发生坍塌危险，保证采矿人员的安全，同时也消除了遗留地质灾害的隐患。

本工程水土保持总投资为110.74万元，经水行政主管部门批复后的水土保持方案，在工程建设的同时开展了水土保持监理工作。

本工程水土保持措施实施后，扰动土地整治率达95%，水土流失总治理度达87%，土壤流失控制比不小于1.0，拦渣率达95%，林草植被恢复率达97%，林草覆盖率达

22%，均达到了方案防治目标。水土保持效益分析见表6-5。

表6-5 水土流失防治目标分析值与确定目标值对比分析表

项目	指标评估		
	目标分析值	确定现值	评估
扰动土地整治率/%	95	100	达到
水土流失总治理度/%	87	100	达到
土壤流失控制比	1.0	1.0	达到
拦渣率/%	95	96.49	达到
林草植被恢复率/%	97	100	达到
林草覆盖率/%	22	100	达到

在施工组织、施工、工程管理、工程布局以及土石方挖、填、平衡等方面，绝大多数均符合水土保持的限制性要求。方案实施后设计水平年的六项防治指标均达到或超过了目标值。项目建设造成的水土流失得到有效的控制，把危害降到最低限度，环境得到恢复和改善，本矿区水土保持效益明显。

水土保持监理单位严格执法，加强对项目建设生产的管理，对水土保持措施的实施进度、质量和资金进行监控管理，同时与水行政等部门协同规划，从管理、预防、治理着手，改善和控制工程区域及周边水土流失现状；监理单位在具体监理工作中，对水土保持工程建设的全过程实行了投资控制、质量控制、进度控制；及时了解、掌握水土保持工程建设的各类信息，并对其进行管理；在工程实施过程中，对建设单位与施工单位发生的矛盾和纠纷组织协调。

在水土保持监理实施过程中，监理人员在日常工作中及时整理、归档有关的水土保持资料，定期向水土保持监理单位和建设单位报告现场水土保持工作情况，负责编写水土保持工程监理报告，形成以建设单位、施工单位、监理机构三方相互制约，以监理工程师为依托的合同管理模式，达到控制投资，保证进度，提高水土保持工程的施工质量的控制成果。

实例三　某防洪堤整治工程施工阶段水土保持监理工作

针对水土保持建设项目水土保持措施，全面落实“三控、两管、一协调”监理职责的重难点进行阐述，为做好同类项目水土保持监理工作提供借鉴。

某防洪堤整治工程项目所在地属湘中红壤丘陵水土保持重点防治区，本项目区水土流失防治等级为二级。建设规模为新修防洪堤2条，主体工程区包括防洪堤和堤岸两侧的保护圈。项目建设区水土流失以水力侵蚀为主，表现为面蚀、沟蚀、崩岗等形式，工程建设中可能造成水土流失的主要是护堤修建前期的土方挖掘、堤岸两边保护圈的建设、弃土弃渣、取料场的开挖。整治工程的建设扰动地面范围广、土石方开挖及填筑量大，工程建设过程中对施工的裸露面如不采取适当的水土保持措施，将造成严重的水土流失，既影响工程本身和周边地区的安全，又恶化区域内的生态环境，阻碍地区社会经济的发展。

本项目主体工程设计中具有水土保持功能的措施包括防洪堤建设、保护圈建设、绿化美化工程等，具有一定的水土保持功能，但这些工程均只有在项目竣工后才能陆续发挥水土保持功能，对施工期的水土流失不能起到防护作用。因此，水土保持监理应在施工阶段对主体工程区、土料场区、弃土区、施工临时工程区的水土保持措施进行质量控制，包括临时挡土坎、临时排水沟、临时薄膜覆盖等临时措施。

（1）主体工程水土保持措施：①防洪堤堤脚两侧用干砌石砌筑临时拦挡坎；②对涵闸区施工结束后留下的空隙地撒种水土保持混合草籽进行绿化，面积 0.75hm^2；③雨天施工时，对裸露的土质边坡、临时堆土采用塑料薄膜临时覆盖。

（2）料场水土保持措施：修筑 2500m 的挡渣坎，新修排水沟 3200m，沉沙池 8 个，种植乔木 19000 株，撒播狗牙根草籽 3.9hm^2。

（3）施工临建设施区防治措施：对施工基地进行清理、土地平整，恢复林草植被，对施工临建区进行土地平整 3.83hm^2，并撒种水土保持混合草籽 1.3hm^2 进行绿化。

（4）工程管理所防治措施：园林绿化方式需绿化面积 0.21hm^2。种水土保持乔木 9250 株，撒种草籽 7.5 万 m^2，覆盖塑料薄膜 7.5 万 m^2。

由于项目工程河道两岸四周均为城区开发用地已被征用，因此本工程水土流失防治责任范围主要包括以下两部分：

（1）主体项目建设区为河道两岸护堤以内占地面积，总面积为 27.11hm^2。

（2）取土场、填土区、临时道路、工程管理所等临时占地区域，面积为 16.35hm^2。工程建设扰动原地貌，可能造成水土流失面积约 43.46hm^2，堤基清挖土方 348100m^3，堤防清基主要为腐殖土、淤泥、杂草、砂砾石等杂物，将作为弃土处理，堤基采用 74kw 推土机推平土方，反铲挖装自卸 8t 汽车运至弃渣场。根据施工的有关成果及现场查勘情况分析，工程建设毁损的植被面积 11.4hm^2，损坏的水土保持设施数量：水田 6.8hm^2，旱地 4.6hm^2，截留沟 2 条总长 3200m。其中弃渣场和临时堆土区是水土流失重点防治区，也是水土保持监理控制措施的重点。

本项目水土保持监理的主要任务是：对水土保持措施实施的进度、投资和综合质量进行监督与控制，对水土保持临时防护措施进行旁站、质量检查、计量，后期对所有工程防护措施进行巡视，对土建监理提出水土保持要求，完善工程措施，以达到水土保持单项验收的要求。监理人员在隐蔽工程、关键部位和关键工序，实行了旁站监理，在渠系、道路、泥石流防治及坡面水系等工程措施使用测量工具进行了现场计量，逐一进行测量，并做好记录。

为了实现本工程建设目标，施工期的水土保持监理制定了监理服务保证措施，从组织保证、技术保证、资源投入保证上全面落实“三控、两管、一协调”监理职责。

（1）开工前做好以下七项预控工作

1）按要求在各个施工阶段工作开展前编写水土保持监理规划、监理实施细则、并对监理人员进行培训和交底。

2）督促施工单位建立健全质保、安保体系，并在各分项施工前从人、机、料、环、法等方面检查了解施工单位的各项开工准备工作，按照监理工作程序的要求，配合建设单位在工程的几个阶段开工前均进行开工条件的控制。

3）监理机构进行施工图纸设计交底与会审工作，施工图会审是监理事前控制的重要手段。

4）审查施工组织设计，各施工方案与安全技术措施是否具有针对性与可操作性，对危险性施工作业是否进行危险点分析，是否考虑了预控措施等。

5）检查特殊工种人员是否持证上岗，对持证作业人员的作业资格进行审查，在过程中监理机构还随机进行了“人证一致性”的对照检查，从人员素质上确保工程质量。

6）检查试验、测量仪器仪表的书面检定记录是否在检测有效期内，并在实际使用中进行物与证的一致性检查。

7）对主要建筑材料、构配件、成品与半成品的材质证明文件进行审查，从原材料质量的重要源头上确保工程质量。

（2）事中质量控制工作情况。监理机构以《监理规划》为纲要，以《监理实施细则》为指导，采取“见证取样、巡视检验、旁站监理、跟踪检测、平行检测”等方法开展各种监督工作，在本工程中所进行的重要质量控制工作简要介绍如下：

1）工序转换停工待检情况。在工序转换前，严格执行停工待检及放行的质量控制制度，对前道工序的施工质量进行细致检查，保证控制环节的实施，以确保工序施工质量。

2）旁站监理情况。对重要工序的施工过程，监理机构安排专人进行旁站监理，并形成文字与照片记录，确保了主要工序的施工质量，旁站文字与摄像记录使施工过程有了较强的追溯性，水土保持工程旁站记录110份。

3）见证取样情况。监理人员每天对各工序的施工进行巡视检验，并对其进行见证取样，并按监理日记填写的要求进行记录，监理机构共计填写监理日记一套。对一些重要的工作，如设备到货，苗木规模和质量，混凝土试块强度等按规定要求进行见证取样。

4）监理指令情况。在巡视检验、旁站监理过程中发现未按施工图纸、规范施工的行为，视现场情况向施工单位提出口头要求或发出书面指令，是控制工作得到较好的实现，本工程共计向各施工队伍发出《整改通知单》5份，所有问题经施工单位整改监理复查后，确认结果符合设计及规范要求。针对水土保持工程建设中存在的一些通病问题，在事前向施工单位共发出《工作联系单》1份，提醒在施工过程中加以注意；针对安全问题，现场发现有违反安全操作规定，违章作业的，现场要求其立即改正，并做口头警告。

（3）事后质量控制。主要是指对单位工程，分部、单元工程在施工单位自检的基础上进行阶段检查和验评工作。项目监理机构执行《施工质量检查验收管理办法》主要针对以下几个环节进行控制。

1）工程（包括隐蔽工程）的验收。监理机构要求承包单位在工程项目自检合格后，提前24小时通知监理机构进行检验，前一道必须验收的工序未经监理验收合格，不得进行下一道工序的施工。

对于隐蔽工程，为确保工程能够顺利进行，监理人员在接到施工单位的通知后半小时内到达验收区域。在验收过程中严格按照设计、规范要求进行检查，对存在的问题要求必须及时处理，处理完毕后再次通知监理人员进行复检，合格后方可允许进行下道工序。

2）对工程不合格项目的监控和处理。监理机构对工程中出现的不合格项目分为处理、停工处理、紧急处理三种，并严格按提出、受理、处理、验收四个程序进行闭环管理，监理人员对不合格项目进行了跟踪检测并落实。

（4）进度控制过程。工程进度控制实行动态控制，重点检查工程实际进度是否满足建设单位里程碑工期和一级进度计划要求。

1）根据建设单位制定的一级网络计划，核查施工单位编制的二级网络计划，并组织监督协调实施。

2）审核施工单位编制的工程项目年、季、月施工计划。

3）及时检查现场实际施工进度并做好记录，对进度进行盘点，找出实际进度与计划进度的差异，并采取相应措施进行调整。

（5）投资控制过程：

1）在施工过程中，正确处理投资与质量的关系，以设计文件和合同文件为依据，严禁因节省投资减少水土保持工程规模和降低工程质量标准。

2）工程计量：

a. 中间计量：中间计量汇总以月为单位，包括合同项目计量、变更项目计量、现场签证计量均以月为单位进行汇总，并由监理统一编制本工程本月计量汇总表经建设单位确认后执行。

b. 完工结算计量：工程量结算原则上以竣工图所标明的工程量为依据进行统计，对合同文件或设计文件中计量依据不明确的问题，由发包方、承包方、监理方共同协商确定计量方法。

（6）合同管理和信息管理。合同管理的宗旨是以事实为依据，以合同条款及法律为准则，促进各方履行合同义务，参与合同管理及协调工作。信息管理必须做到信息准确、及时、通畅。监理工程师及时填写监理日记，及时填报和签认规定报表和文件。

对于跟踪检测、平行检测，要求监理人员掌握第一手测量数据，做到测量手稿与检测报告存档，按有关规定对内业资料及时填写，认真建立技术档案，对于施工中出现的变更、返工、开工、验收等重要环节，均要求以书面形式申报审批并存档。

（7）工程协调。工程协调是监理机构的重要职责之一。为了更有效地开展协调工作，认真做好以下几方面的工作：

1）积极配合建设单位的各项工程管理工作。

2）做好监理例会的主持等工作。

现场监理记录见表6-6。

表 6-6　　各项内容检查和核实结果统计

序号	预控审查内容	份数	审查处理情况
1	施工组织设计、方案和作业指导书	2	符合要求
2	试验、检测单位、供货资质	3	符合要求
3	管理人员、特种作业人员、特殊工种	30	符合要求
4	工、器、具	27	符合要求
5	测量、计量器具以及试验设备	16	符合要求
6	进度计划	8	符合要求
7	施工质量验收及项目划分	1	符合要求
8	工程材料报审	32	符合要求
9	质量控制点设置	16	符合要求
10	交底记录	17	符合要求
11	水土保持工程旁站记录	110	

实例四　某州级道路工程水土保持工程监理工作方法

某州级道路工程位于藏区中高山地带和丘状高原地带，是高原逐渐解体向山地转化的过渡形态。山谷成 U 形谷地，山地宽厚，河谷开阔，阶地发育。其间河流切割显著，局部地段出现峡谷，谷地之间丘状高原面以上有蚀余山脉分布，项目沿线海拔为 2940（九龙止点）～4570m（线路鸡丑山段），平均海拔约 3350m。地理坐标为东经 101°20′30″～101°30′40″，北纬 29°00′09″～30°01′54″。工程地理位置如图 6-3 所示。

图 6-3　工程地理位置图[1]

[1] 照片来源于实例提供单位。

项目所处环境地质条件异常复杂，气候环境异常恶劣，山地灾害频繁，沿线工点均分布在海拔3000～4200m之间。项目改建采用三级公路标准建设，设计速度30km/h，路基宽7.5m（其中隧道按二级公路标准建设，设计速度40km/h），全长157.07km。隧道2座（白马隧道、鸡丑山隧道）共3980m；桥梁17座共688.28m，涵洞371道。采用沥青混凝土路面。汽车荷载等级为公路Ⅱ级，施工临时工程共布设弃渣场5个，施工临时设施场地8处，沿线施工便道利用机耕路，具体见表6-7、表6-8。

表6-7　设计建设规模

项目名称	工程情况
路基工程	全长157.07km，设计速度30km/h，路基宽度7.5m，双向二车道
隧道工程	2座（白马隧道、鸡丑山隧道）共3980m
桥涵工程	17座桥梁共688.28m、涵洞371道
配套服务设施	配电房、管理用房
弃渣场	5处
施工临时设施	8个
项目占地	共计占地面积143.07hm^2，其中永久占地117.80hm^2，施工临时占地25.27hm^2
土石方量	土石方开挖总量60.50万m^3，土石方填筑总量47.00万m^3，弃渣总量13.5万m^3
投资情况	工程概算总投资11.27亿元，其中土建投资9.65亿元

表6-8　渣场特性表

区县	编号	弃渣量（松方）/m^3	渣场桩号	集渣桩号		占地面积/hm^2	占地类型	平均堆高/最大堆高	渣场类型
康定县	1号	15000	K42+000（右）	K000+000	K60+000	0.50	草地、河滩	3m/8m	缓坡型
	2号	22000	K92+900（右）	K60+800	K114+000	1.10	草地	2m/2.5m	平地型
	3号	78000	K113+50（左）	K114+500	K117+210	2.68	草地、河滩	10m/15m	缓坡型
	小计	115000				4.28			
合九龙县	4号	58600	K118+90（右）	K117+210	K118+500	1.68	草地	8m/12m	缓坡型
	5号	6000	K145+34（左）	K118+500	K157+534.39	0.30	草地	2m/3m	缓坡型
	小计	64600				1.98			
合计		179600				6.26			

根据本工程特点，监理机构按照直线职能式结构进行岗位设置和人员安排，下设JL1-1、JL1-2两个驻地办，在总监理工程师的领导下，驻地JL1-1相对独立分别负责A1-A2、A3-A4的现场监理工作，路面工程由某总监理工程师代表负责现场管理，配备相应专业的监理工程师开展监理，对总监理工程师负责，见表6-9、表6-10。

针对本工程的特点，结合实际情况，监理机构采用了表6-11所列的方法和手段开展监理工作。

表 6-9 监理机构主要人员组成表

部门	现场职务	姓名	职　称	工作范围
总监办	总监理工程师	×××	高级工程师	全面
	总监理工程师代表	×××	高级工程师	JL1-2 驻地办路面工程
	专业监理工程师	×××	工程师	路面专业
	专业监理工程师	×××	工程师	道基专业
	专业监理工程师	×××	高级工程师、工程师	桥梁专业
	专业监理工程师	×××	工程师	隧道专业
	专业监理工程师	×××	工程师	合同管理
	专业监理工程师	×××	工程师	测量专业
	专业监理工程师	×××	工程师	材料专业
	专业监理工程师	×××	工程师	机电专业
	专业监理工程师	×××	高级工程师	地质专业
	专业监理工程师	×××	高级工程师	水保专业
	专业监理工程师	×××	高级工程师	水保专业
	专业监理工程师	×××	高级工程师	房建专业
	专业监理工程师	×××	工程师	安全专业
	监理员	×××	工程师	水保专业
	资料员	×××	助理工程师	水保专业

表 6-10 主要监理设备表

序号	描　　述	数量	状况
1	汽车（丰田普拉多）	3	完好
2	计算机（华硕笔记本）	8	完好
3	打印机（HP-Laserjet5100）	2	完好
4	摄像机（JVC GZ-MG330AC）	1	完好
5	数码相机（柯达）	5	完好
6	GPS 定位仪（西门子 CN3200）	2	完好
7	水准仪（BZ23-AL332-1）	1	完好
8	坡度仪（JZC-B2）	2	完好
9	优盘（2G）	8	完好
10	工程检测尺	9	完好
11	皮尺	10	完好
12	盒尺	15	完好

表 6-11　　监 理 方 法

序号	监理手段	监 理 方 法
1	现场记录	监理机构要求施工单位按批准或规定的工艺和流程进行施工，在每道工序完工后首先进行自检。监理人员对施工单位的工序自检进行检查并记录。对不合格的工序，要求施工单位进行缺陷修补或返工。前道工序未经检查认可，不得进行后道工序施工。利用测量手段，在工程开工前核查工程的定位放线；在施工过程中控制工程的轴线和高程；在工程完工验收时测量各部位的几何尺寸、高度等，并做详细记录
2	发布文件	监理工程师充分利用指令性文件，对任何事项发出书面指示，并督促施工单位严格遵守与执行监理工程师的书面指示。采取定期工地例会的形式讨论施工中的各种问题，在会上监理工程师的决定应具有书面函件与书面指示的作用。监理工程师可通过工地会议方式发出有关指示，并形成会议纪要
3	巡视检验	监理机构对正在施工的工程项目经常进行巡视检验，对所监理的工程项目进行定期或不定期的检查、监督和管理掌握工程动态，做好相关记录。对施工单位不符合规范要求的施工工艺、方法、程序，口头发出纠正指令
4	旁站监理	监理机构按照监理合同约定，在施工现场对工程项目的重要部位和关键工序的施工，实施的连续性进行全过程检查、监督与管理。监理人员对正在施工的重要工序和关键部位现场进行全过程、全方位、全天候旁站监理，并做好记录。发现问题及时指令施工单位予以纠正，以减少质量缺陷的发生，保证工程的质量和进度。如浆砌工程、混凝土预制构件、混凝土现场浇筑、软弱基处理、基坑开挖等对工程质量需严格控制的部位
5	跟踪检测	监理机构对施工单位参与试样检测的检测人员、仪器设备以及拟定的检测程序和方法进行审核，并实施全过程的监督，确认其程序、方法的有效性以及检测结果的可信性
6	平行检测	监理机构在施工单位对试样自行检测的同时，按照一定比例独立抽样进行检测，核验施工单位检测结果。试验数据是评定工程质量优劣的主要依据。监理人员对项目主要材料的质量评价，必须通过见证取样送检试验取得数据后进行。不允许采用经验、目测或感觉评价质量
7	信息管理	监理工程师利用计算机，对计量支付、工程质量、工程进度及合同条件进行信息管理，以提高工作效率

通过实例主要介绍水土保持工程监理程序和方法的重难点，为做好水土保持监理工作提供借鉴。某州级道路水工保持工程治理后的工程实例如图 6-4 所示。

图 6-4（一）　某州级道路水土保持工程治理后的工程实例[1]

[1] 照片来源于实例提供单位。

图 6-4（二） 某州级道路水土保持工程治理后的工程实例

实例五　某小流域综合治理水土保持监理工作报告

小流域综合治理是以小流域为单元，在全面规划的基础上，预伤、治理和开发相结合，合理安排农、林、牧等各业用地，因地制宜布设水土保特措施，实施水土保特工程措施、植物措施和耕作措施的最佳配置，实现从坡面到沟道、从上游到下游的全面防治，在流域内形成完整、有效的水土流失综合防护林体系，既在总体上，又在单项措施上最大限度地控制水土流失，达到保护、改良和合理利用流域内水土资源和其他自然资源，充分发挥水土保特生态效益、经济效益和社会效益的水土流失防治活动。

水土保持农业耕作措施又称水土保持农业耕作措施、水土保持耕作法。包括改变微地形、覆盖和改良土壤三类措施。主要用于尚未修成水平梯田的坡耕地上，一般结合每年的农业耕作进行。有的可改变坡面的小地形，如沟垄种植、区田、圳田等；有的可增加地面植被或改良土壤，如草田轮作、间作、套种等。这些耕作措施都有一定的蓄水保土、提高农业产量的作用。

水土保持植物措施是在荒山、荒坡、荒沟、沙荒地、荒滩和退耕的陡坡农地上，采取造林、种草或封山育林、育草的办法，增加地面植被，保护土壤不受暴雨冲刷。在水土流失严重地区，“三料”（燃料、饲料、肥料）俱缺，林草措施是解决“三料”、促进林牧副业与商品经济发展的重要物质基础。

工程措施在坡地上主要有水平梯田、山坡截留沟、蓄水池；在沟中有沟头防护工程、谷坊、淤地坝、拦沙坝、小水库和治沟骨干工程；在村旁、路旁有水窖、涝池；在沟岸与河岸有岸坡防护和各类引洪漫地。工程措施的主要作用是改变小地形，蓄水保土，建设旱涝保收、稳产高产的基本农田；或起滞洪拦沙作用，保护其下游的农田和水库等。

水土保持各项措施之间的配置应具有互相配合、相辅相成、互相促进的作用，构成一个综合完整的防护体系。不同的水土流失部位，需采取不同治理措施，不能互相代替。如治理坡耕地，必须修建各种类型的梯田，造林种草不能代替梯田的作用；开发治理荒山、荒坡与退耕地，必须造林、种草、建果园，不能单纯修梯田；在沟中巩固并抬高侵蚀基面，拦蓄并利用坡沟的洪水、泥沙，必须在沟底修建各类坝库，坡面的梯田、林草不能代替沟道工程的作用。因此，各项水土保持措施必须统一规划，合理布局，互相配合，发挥综合治理的作用。水土保持各项措施中，工程与林草、治坡与治沟是互相促进的。如梯田、坝地等基本农田要获得高产，需有足够的有机肥料和农业投资。解决这个问题，必须造林、种草，发展林牧副业和商品经济。许多水土流失地区广种薄收严重，农民为了获得足够的粮食，垦种了宜林、宜草的陡坡。搞好工程措施，修建适量的基本农田，实现少种多收，可促进陡坡退耕、造林种草。沟中坝地高产，可以促进坡面林草发展，而坡面梯田、林草蓄水保土，又可为沟中坝库减轻洪水、泥沙淤积危害，保证坝库安全。

为体现水土保持对构建生态平衡的重要性，结合实际案例形成的监理工作报告，可让读者对水土保持监理工作有直观的了解，在今后编写水土保持监理工作报告时有所借鉴。

某小流域综合治理水土保持监理工作报告

1　监理依据

1.1　合同

监理合同：×××监理公司受×××建设单位委托承担项目建设中水土保持工程实施的监理任务。

施工合同：×××公司受×××建设单位委托承担项目建设中水土保持工程实施的施工任务。

1.2　监理技术标准及规范

1.2.1　法律法规

(1)《中华人民共和国水土保持法》(2010 年 12 月 25 日修订)。

(2)《中华人民共和国土地管理法》2020 年 1 月 1 日起施行。

(3)《中华人民共和国水土保持法实施条例》。

1.2.2　部委规章

(1)《水利工程建设监理规定》(水利部第 28 号令，2007 年 2 月 1 日起施行)。

(2)《水土保持生态建设工程监理管理暂行办法》(水建管〔2003〕79号)。

1.2.3 规范标准

(1)《建设工程监理规范》(GB 50319—2013)。

(2)《造林技术规程》(GB 15776－2016)。

(3)《水土保持综合治理技术规范》(GB/T 14653—2008)。

(4)《水土保持综合治理验收规范》(GB/T 15773—2008)。

(5)《水土保持工程质量评定规程》(SL 336－2006)。

(6)《水土保持工程施工监理规范》(SL 523—2011)

1.3 已批复的技术施工设计文件

工程项目设计文件(施工图纸及说明文件)及经有关各方面签认的工程洽商资料。

2 工程概况

2.1 基本情况

2.1.1 自然概况

×××县卧狼沟小流域水土保持综合治理工程位于甘肃省临夏州西部，地势西南高，东北低。黄河沿北屇东流注入刘家峡水库。人口23万，面积910km^2。20××年项目实施区卧狼沟流域位于×××县西北部，总面积21.86km^2，水系自南向北流入黄河，南距×××县城10km，临大公路线贯穿于项目区境内，交通便利。

项目区属甘肃省东南部的临夏盆地，是大型的陇中晚新生代盆地的西南部分，是由青藏高原东北缘雷积山深大断裂、秦岭北深大断裂和祁连山东延余脉马衔山围成的一个山前拗陷盆地。大河家卧狼沟小流域大部分地方覆盖着第四系风积黄土，境内地形高低起伏，沟壑纵横，沟壑密度2.1km/km^2，以黄土丘陵沟壑地貌为主，河谷平塬，以大河家卧狼沟为主沟道形成地势由西南向西北倾斜的沟梁峁地形，沟谷狭长。项目区属中温带季风大陆性气候，水热同季，不同日光照较为充足，昼夜温差大，干旱、霜冻、冰雹等自然灾害频繁。由于流域一年中降水主要集中在7—9月中旬，7—9月的降水量占到全年总降水量的68%，从而年径流量的70%集中在这三个月。

2.1.2 水土流失及其防治

项目区属西北黄土高原区丘陵沟壑第四副区，土壤侵蚀以水力侵蚀为主，同时伴有重力侵蚀。项目区土地总面积2186hm^2，水土流失面积1880hm^2。平均土壤侵蚀模数为4000t/(km^2·a)，年土壤侵蚀总量7.52万t。在水土流失面积中，轻度侵蚀面积51.12km^2，占27%；中度侵蚀面积69.3km^2，占37%；强烈侵蚀面积35.2km^2，占19%；极强烈侵蚀面积21.99km^2，占12%；剧烈侵蚀面积9.26km^2，占5%。

项目区内已治理水土流失面积692hm^2，其中基本农田528.8hm^2，造林163hm^2，治理程度为36.8%。这些措施的实施对防治水土流失、改善项目区内的生态环境、整治土地资源、减轻入黄河、刘家峡库区泥沙危害、促进农业生产起到积极作用。

2.1.3 社经情况

项目区目前农村经济以种植业为主，农业生产科技含量低，集约化程度差，受地形地貌及植被条件影响，水土流失严重，农业生产抵御自然灾害的能力较弱。夏季种植作物以小麦、芥子为主，秋季作物主要以玉米、洋芋为主，主要经济作物以油菜、胡麻、百合等为主。根据现状调查，截至2013年年底项目区粮食作物总产量156万kg，人均产粮338kg。

2.2 工程规模

20××年项目实施区新增各项治理措施面积286hm^2，其中新增基本农田31.3hm^2；造林30.1hm^2；封禁治理224.6hm^2。

分项措施见表2.1。

表2.1 **项目区植物措施规划布设总表**

项目区	乡镇	治理面积/hm^2	基本农田/hm^2	水窖/眼	造林/hm^2	封禁治理/hm^2
卧狼沟	刘集乡	269.3	31.3		13.4	224.6
	石塬乡	16.7			16.7	
合计		286	31.3		30.1	224.6

2.3 工程投资

工程总投资1250万元，其中国家投资1000万元，地方及群众投劳折资250万元。

2.4 工期进度安排

2.4.1 计划工期

工程批复后，计划于20××年2月底前完成招标、投标和施工准备工作，20××年3月开工建设，20××年8月底前竣工完成。基本农田建设工程、封禁治理工程在20××年8月底竣工。造林工程20××年3月完成整地工程，20××年8月底前完成秋季造林。

2.4.2 进度安排

在充分考虑现状条件、劳力状况、资金状况等因素后，本项目预计20××年3月到20××年8月初全面完成建设任务，工程建设尽量避开农忙季节，分阶段进行。

3 监理机构及人员

受×××县水土保持局委托，×××监理公司承担该项目的建设监理工作，根据工程的施工特点和监理任务，公司组建了项目监理部，监理人员由总监理工程师、监理工程师和其他工作人员构成。监理部实行总监理工程师负责制，依据建设单位授权，对建设项目进行全面监理。项目监理部监理人员组成见表3.1。

表3.1 **项目部监理人员组成表**

序号	姓名	性别	专业	技术职称	监理职务
1	×××	男	水土保持	高工	总监
2	×××	男	水土保持	高工	监理
3	×××	男	农水	工程师	监理员

4 监理综述

4.1 监理合同履行情况和监理过程情况

现场监理部根据国家有关工程建设监理法律与现行行政法规、现行技术规范、规程、和标准，按照委托监理合同的范围要求开展监理工作。在监理过程中遵循“守法、诚信、公正、科学”的职业准则和“勤奋、高效、独立、自立”的原则，依照业主单位授予的职责与权限，与参建各方密切协作。认真检查、监督工程，承建单位严格履行合同责任和义务，充分发挥监理单位的技术和经验优势，向建设单位提供优质高效服务。

通过熟悉工程设计文件、施工合同文件和监理合同文件，保证全体监理人员遵纪守法、尽职尽责、公正廉洁，以良好的职业道德，热忱为工程建设服务。坚持科学、求实、严谨的工作作风。熟悉施工图纸、合同文件、技术规程规范和质量标准，熟悉施工环境和条件，正确运用权限，促进业务工作能力和监理工作水平的不断提高。

4.2 监理工作内容、方法、程序

按《水土保持工程施工监理规范》（SL 523—2011）要求，及×××监理公司受×××建设单位委托承担项目建设中水土保持工程实施的监理任务及本工程相关实施细则。

4.3 监理工作制度

为了搞好本工程的“建设监理工作”进行建设监理规范化、程序化和标准化管理，监理部制定了《监理人员守则》《监理人员岗位责任制》等监理内部管理及规章制度，并按工程项目编制了《监理规划》《监理实施细则》。使工程建设的监理人员明确职责，熟悉监理工作程序，掌握技术规范要求，严明监理工作纪律。

根据《水土保持工程施工监理规范》（SL 523—2011）要求，及时编制本工程监理表格等各项监理文件。形成技术文件审核、审批制，材料、构配件和工程设备检验制度、工程质量检验制度、工程计量与付款签证制、工地会议制。第一次工地会议在工程开工前由建设单位组织召开，由总监理工程师主持。工地例会每月定期召开一次，水土保持工程参建各方负责人参加，由总监理工程师主持，并形成会议纪要。

4.4 质量检测方法和主要设备

工程措施是水土保持的重要措施，按照其施工特点、施工工序，严格施工过程中的质量控制。主要建筑材料有水泥、砂石料、钢筋、防水材料等，成品主要有混凝土预制件（涵管、盖板等）。按照国家规定，建筑材料、预制件的供应商应对供应的产品质量负责。供应的产品必须达到国家有关法规、技术标准和购销合同规定的质量要求，要有产品检验合格证、说明书及有关技术资料。原材料和成品到场后，施工单位应对到场材料和产品，按照有关规范和要求进行检查验收，组织现场试验，试验报告及资料经监理机构审核确认后，这批材料才能正式用于施工。

监理机构应建立材料使用检验的质量控制制度，监理机构及时进行抽检复查试验，证明所有报验的材料的取样、试验，是否符合规程要求，可否进场在指定的工程部位使用。对于材料、构配件、工程设备的质量控制，明确材料、构配件、工程设备报验收、签认程序，检验内容与标准是否符合工程特点和要求。

在材料质量控制中，监理机构应重视下列质量控制要点：

（1）对于混凝土、砂浆、防水材料等，应进行适配，严格控制配合比。

（2）对于钢筋混凝土构件及预应力混凝土构件，应按有关规定进行抽样检验。

（3）对预制加工厂生产的成品、半成品，应由生产厂家提供出厂合格证明，必要时还应进行抽样检验。

(4) 对于新材料、新构件，要经过权威单位进行技术鉴定合格后，才能在工程中正式使用。

(5) 凡标志不清或怀疑质量有问题的材料，对质量保证资料有怀疑或与合同规定不符的材料，均应进行抽样检验。

(6) 储存期超过3个月的过期水泥或受潮、结块的水泥应重新检验其标号，并不得在工程的重要部位使用。

水土保持植物措施类型多，涉及面大。因此，监理机构应严格依据有关技术规范和设计文件，巡视检验以及抽样检查、测量，对其施工质量进行全面控制。植物措施材料质量的控制主要对造林种草使用的苗木及种子的质量进行控制。监理机构对经济果林、用材林、水土保持防护林等施工所用种子苗木，要求施工单位尽量调用当地苗木或气候条件相近地区的苗木，苗木等级、苗龄、苗高与地径等必须符合设计和有关标准的要求。在苗木出圃前，应由监理工程师或当地有关专业部门对苗木的质量进行测定，并出具检验合格证。苗木出圃起运至施工场地，监理工程师应及时对苗木根系和枝梢进行抽样检查，检查合格的苗木才能用于造林。

育苗、直播造林和种草使用的种子，应有当地种子检验部门出具的合格证。播种前，应进行纯度测定和发芽率试验，符合设计和有关标准要求，监理工程师签发合格证，再进行播种。

5 监理效果

5.1 质量控制监理工作成效

5.1.1 工程项目划分

根据《水土保持工程质量评定规程》(SL 336—2006)，结合本工程实际情况，工程质量按单元工程、分部工程、单位工程和工程项目逐级评定，工程项目划分结果如下：

(1) 单位工程。按照工程类型将整个工程划分为基本农田、造林、封禁治理3个单位工程。

(2) 分部工程。按照便于管理的原则，将组成单位工程的单个工程以行政村为单位划分为5个分部工程。

(3) 单元工程。将组成分部工程的单个工程以施工图斑或便于质量考核的基本单位划分为21个单元工程。

各项措施质量评定项目划分见表5.1。

表5.1　措施质量评定划分表

单位工程			分部工程			单元工程
名称	单位	工程量	行政村	单位	工程量	个数
基本农田	hm^2	31.3	刘集村	hm^2	31.3	5
造林	hm^2	30.1	河崖	hm^2	13.4	2
			肖红坪	hm^2	16.7	3
封禁治理	hm^2	224.6	高李村	hm^2	110.4	5
			阳洼村	hm^2	114.2	6
备注	植物措施以实施的每一个图斑为一个单元工程划分					

5.1.2　质量评定结果

根据《水土保持工程质量评定规程》(SL 366—2006）相关规定，用数控法计算，该工程各单元工程质量合格，施工中未发生过任何质量安全事故。工程施工期各单位工程检测资料分析结果均符合国家和行业技术标准以及合同约定的标准要求，工程质检资料齐全。因此该工程项目综合评定为合格标准。评定过程见表5.2。

表5.2　　20××年卧狼沟项目质量评定表

单位工程		分部工程				单元工程			
单位工程名称	评定结果	分部工程总数	合格数	优良数	优良率/%	单元工程总数	合格数	优良数	优良率/%
基本农田	合格	1	1	0	0	5	5	2	40
造林	合格	2	1	1	50	5	5	2	40
封禁治理	合格	2	1	1	50	11	11	3	27.3
合计		5	3	2		21	21	7	

5.1.3　工程质量评价

各项措施经施工单位自检，监理工程师复核，建设单位核定，该工程施工质量全部符合有关技术规范和质量标准。分项措施评价如下：

基本农田：工程布局、田面宽度、田坎高度与纵向坡度符合设计要求，田面水平、地块面积在1hm^{2}以上，集中连片，质量达到设计标准。基本农田点配套路面宽6m以上的道路，道路畅通，耕作方便。

造林：树种为二年生云杉，株高0.5m，根系完整、无机械损伤、无病虫害。造林时间在春秋两季，整地方式为穴状整地，较陡或破碎采用品字型，沿等高线布设，密度1000株/hm^{2}左右，行距和间距为2.5m×4m。整地方式及规格符合设计要求，经抽样调查苗木成活在85%以上。

封禁治理：设置工程围栏和界碑的方式进行封禁。采用工程围栏和利用天然陡坎，公路围栏等屏障封禁，间距5m，埋深50cm，立柱规格为10cm×10cm×180cm。每隔20m用钢丝固定一圈，按围栏网纬线间距设置绑结扣。

5.2　投资控制监理工作成效

20××年卧狼沟项目从20××年3月开始至20××年8月××日全面结束，总工期××天。该工程工期安排合理，方法得当，施工单位措施得力，建设单位管理到位，各项治理措施基本上按合同工期全面完成建设任务。工程建设实施进度见表5.3。

表5.3　　20××年卧狼沟项目实施进度表

名称＼时间	工程量	××年3月	××年4月	××年5月	××年6月	××年7月	××年8月	××年9月	××年10月	××年11月
基本农田	30.3hm^2					——	——			
造林	30.1hm^2	——	——							
封禁治理	224.6hm^2		——							

5.3　进度控制监理工作成效。

20××年卧狼沟项目完成措施投资1250万元，占计划的100%，其中国家投资1000万元，占计划的80%，群众投劳折资250万元，占计划的20%。分项措施投资见表5.4。

该工程严格按照基建项目财务管理制度规定，进行财务核算和资金管理，设立专项账户，实行预决算管理和财政监督，对中央投资及省级配套资金实行报账制。在项目建设过程中，监理单位根据工程进度和质量情况，科学计量，严格按照合同资金及支付程序进行投资控制，工程的实际投资没有超出计划投资，也没有出现索赔现象。

表5.4　　20××年卧狼沟项目措施投资表

序号	工程或费用名称	工程费用/万元		合计/万元	备注
		国家及地方配套资金	群众投劳折资		
一	工程措施	430.6		430.6	
1	基本农田	430.6		430.6	
二	植物措施	569.4	70.4	639.8	
1	造林	569.4	70.4	639.8	
三	封禁治理措施		179.6	179.6	
措施总投资		1000	250	1250	

5.4　施工安全、职业卫生与环境保护监理工作成效

为确保安全生产、职业卫生，做好施工区的环境保护，维护工程建设的正常秩序，在工程建设中制订了以下管理措施：

（1）建立安全生产、职业卫生与环境保护领导机构，健全安全管理网络。

（2）加强安全、职业卫生与环境保护教育，设立安全警示标识。

（3）督促施工单位按照建筑施工安全生产法规和标准组织施工，并层层落实安全生产责任目标，将安全生产意识贯彻到每一个建设者。

（4）现场使用的机械设备，要在固定地点存放，遵守机械安全操作规程，所用的燃料应存放在指定地点，以免意外泄漏。

（5）保护施工区和生活区的职业卫生与环境卫生，及时清除垃圾，并将其运至指定地点掩埋或焚烧处理。

（6）施工中重视对职业卫生与环境的保护，防止水土流失，保护绿色植被。

通过检查落实各项措施，消除了施工中的随意性和盲目性，有效地杜绝了各类安全隐患，实现了安全生产、职业卫生和环境保护的控制目标。

6　工程总体评价

6.1　工程完成情况

6.1.1　项目设计内容完成情况

20××年项目实施区新增各项治理措施面积286hm²，其中新增基本农田31.3hm²；造林30.1hm²；封禁治理224.6hm²。

6.1.2 工程变更情况

本次项目在工程实施过程中未出现任何变更，工程依据实施方案设计内容进行全面建设。

6.1.3 工程完成情况

该项目在县委、县政府的大力支持和水土保持业务部门的精心指导以及工程所在乡镇的全面配合下，施工单位按照批复的实施方案较好地完成了各项建设任务。×××县水土保持局组织相关单位的业务技术人员及工程监理分两个阶段，对该项目的实施情况进行了全面的自查验收。

经现场抽检验收核定：基本农田 31.3hm^2，占计划的 100%；造林 30.1hm^2，占计划的 100%；封禁治理 224.6hm^2，占计划的 100%；各项措施完成情况详见表 6.1。

表 6.1　20××卧狼沟项目措施完成情况表

项目区	乡镇	基本农田/hm^2	造林/hm^2	封禁治理/hm^2
卧狼沟	刘集乡	31.3	13.4	224.6
	石塬乡		16.7	
合　计		31.3	30.1	224.6

6.2 完成效果评价

卧狼沟项目能够严格按照国家发展和改革委员会、水利部《关于印发〈全国坡耕地水土流失综合治理“十三五”专项建设方案〉的通知》（发改农经〔2017〕356 号）和《甘肃省水利厅关于报送全国坡耕地水土流失综合治理甘肃省 2017—2020 年专项建设方案有关材料的通知》（甘发改投资〔2017〕18 号）等文件精神，落实了项目法人制、建设公示制、投工投劳承诺制、资金报账制、工程监理制。工程建设期间各级领导高度重视，各参建单位措施得力，较好地完成了年度计划任务。植物措施、耕作措施、工程措施布局合理，工程质量符合有关技术规范和标准，资金管理和使用符合财务规定，档案资料基本齐全，工程建成后的管护和运行情况良好，效益发挥正常，达到了项目竣工验收标准。

6.3 施工中存在问题及处理效果

(1) ×××县基本农田建设区覆盖着第四系风积黄土，地形总体坡度较大，土质差，个别地块田面宽度、田面平整程度达不到标准要求，经处理后基本能达到合格标准。

(2) 由于地县配套资金困难，发动群众难度大，部分地块没有修筑地埂，影响了效益的充分发挥及可视效果。

(3) 因施工时间集中、紧迫，部分农户安排的面积较大，没有及时进行深耕、深松，影响耕种。

(4) 本项目实施监理的地域范围广，施工点分散，施工地段交通条件差，致使监理工作不能面面俱到，有些项目质量指标控制力度较弱，不能达到优良水平。

7 经验与建议

总结 20××年卧狼沟项目的经验与做法，主要有以下 5 点：

(1) 进一步健全了项目建设的管理制度，较好地落实了项目法人责任制、监理制、工程建设公示制、报账制和群众投劳制，确保了项目建设的健康有序开展。

(2) 认真做好规划设计工作，科学的规划是项目顺利实施的前提条件，在项目规划中，通过认真、仔细的外业调绘和内业的精心设计，使项目规划更具有科学性和可行性，保证了项目的顺利实施。

(3) 选用了机械设备好、机手技术水平高、能吃苦耐劳的施工单位，工程建设进度快、群众满意度高。

(4) 严把检查验收关，工程竣工后，水土保持部门抽调专业技术干部组成验收组，验收人员严守纪律、深入现场、客观公正、坚持标准。严格谁验收、谁签字、谁负责制度，统一标准，逐村、逐片丈量登记，绘制竣工图，做到公平、公正、公开。

(5) 项目建设资金严格实行报账制、审计制，做到了专款专用，杜绝了截留、挪用、转移或变通使用等现象的发生，规范了项目资金管理。

建议：

(1) 工程设施移交村社和农户管理后，要做好经常性的维护管理工作，确保工程效益的正常发挥。

(2) 由于造林季节干旱少雨，苗木成活率偏低，而且苗木上部风干比较严重，建议施工单位进一步做好抚育管理和秋季补植工作，巩固林草成果。

附件：

1. 监理机构的设置与人员情况表

2. 工程建设监理大事记

3. 图片、图表及其他附件

实例六　黄土高原流域塬面保护水土保持监测

本例主要介绍水土保持监测的主要内容，使从事水土保持工作的人员对监测方面有直观的认识和了解。

项目区位于××市××区东塬上，紧邻镇区，项目区总面积 $42.58km^2$，塬面面积 $16.67km^2$，土壤侵蚀模数 2900t/ ($km^2 \cdot a$)，年侵蚀量 77100t，属中度流失区，侵蚀类型以水力侵蚀为主兼有重力侵蚀。水蚀表现为溅蚀、面蚀、沟蚀，重力侵蚀主要有崩塌、泻溜、滑坡等形式。项目区塬面沟头逐年推进，塬面面积逐年萎缩，沟道下切严重，居民住宅、耕地及交通受到严重威胁，区域经济发展受到一定限制，亟待开展固沟保塬综合治理工作。主要解决塬面坡面雨水拦蓄及排导问题，减少径流无序乱流对塬面的冲刷，减缓沟岸扩张、沟床下切，实现塬面有效防护、改善农村生产条件和生活环境、促进农村经济社会发展的目标，具体见表 6-12。

1. 影响水土流失的主要因素

(1) 自然因素。项目区属黄土高原残塬区，地形破碎，坡陡沟深，沟壑密度较大，降雨历时短，强度大，土壤质地疏松，抗蚀能力低，沟道冲刷严重，土体随水搬运，造成项目区大量水土流失。

表 6-12　　项目区水土流失现状表

项目区	土地总面积/km²	水土流失		水土流失强度及所占比例										侵蚀模数/[t/(km²·a)]
		总面积/km²	占土地总面积/%	轻度/km²	占总面积/%	中度/km²	占总面积/%	强烈/km²	占总面积/%	极强烈/km²	占总面积/%	剧烈/km²	占总面积/%	
东塬	42.58	26.59	62.45	3.02	11.36	13.41	50.43	10.16	38.21	0	0	0	0	2900

（2）植被因素。项目区现状林草覆盖率为 36.53%，项目区多数地表裸露或半裸露，水源涵养能力低，地表缺乏保护，雨水顺坡乱流，造成严重的水土流失。

（3）人为因素。落后的生产方式、乱砍滥伐、过度放牧、生产建设等人为破坏水土保持措施现象时有发生，从而造成新的水土流失。

2. 水土流失的危害

（1）严重的水土流失，吞噬着人们赖以生存的土地，面蚀和地表径流冲走了肥沃、适宜于作物生长的地表土层，农耕地养分流失，肥力下降，制约着当地农业发展和生产力的提高。

（2）大量泥沙沉积，淤积河道、水库，汛季行洪不畅，降低工程效益。尤其汛期大暴雨使坡面径流夹带大量泥沙下泻，造成道路中断，地基塌陷，房院危急，给农村群众生产生活造成极大危害。

（3）严重的水土流失使土壤结构发生变化，土粒结构遭到破坏，严重影响农作物和植物生长。同时由于水土保持措施少，干旱、暴雨、冰雹灾害加剧，植被得不到有效保护，使生态环境不断恶化。

3. 水土保持监测

根据项目建设的工程内容、项目建设性质，监测的主要内容包括：

（1）减缓沟头前进速度监测：对实施措施的沟头，在措施实施前后对沟头沟沿线位置进行监测。

（2）防治塬面水土流失监测：主要是对措施实施前后涝池蓄水量、道路排水系统及沟头防护的蓄水排水量、沟道泥沙量进行监测。

（3）保护村民居住安全监测：在不同行政村选择若干户居民，调查了解治理前后村民居住安全受降雨及水土流失的影响的变化情况。

（4）保护耕地面积监测：分别对各项措施集雨范围内的塬边耕地面积进行监测。

（5）促进塬面经济发展监测：主要是对措施实施前后塬面耕地产量、农作物品质、居民总收入的变化进行监测。

（6）改善农村生态环境监测：主要是对措施集中布置点的农村居民进行调查，了解群众对措施实施后蓄水、排水、减少水土流失、减轻环境污染的满意程度。

根据工程实际情况，在项目区选择监测典型位置 20 处，分别为涝池 6 处、排水型沟头防护 8 处、道路排水系统 4 处、经济林 2 处。项目区监测点布设详见表 6-13。

表 6-13　　项目区监测点布设表

措施名称	监测点个数	监 测 内 容
涝池	6	涝池蓄水后是否发生沉陷、防治塬面水土流失、保护村民居住安全、改善农村生态环境、促进塬面经济发展
排水型沟头防护	8	排水设施变形监测、减缓沟头前进速度、保护村民居住安全、改善农村生态环境
道路排水系统	4	防治塬面水土流失、保护村民居住安全、改善农村生态环境
经济林	2	改善农村生态环境、促进塬面经济发展
合计	20	

采用跟踪监测法、现场抽样法、典型调查法等监测法。本项目主要采用调查典型农户和典型地块的方法进行监测。

(1) 典型农户。根据项目区不同土地类型、农户的经济基础（好、中、差）选出典型农户，采取跟踪监测法进行监测。即在项目区内分别选择不同土地类型和经济基础好、中、差的典型农户进行入户调查，每户每年填写一份农户经济收入、支出调查表，主要内容有农户基本情况、家庭总收入、人均收入、农业种植结构、生产生活支出情况等。并针对选择的典型农户，调查实施不同的水土保持措施后，亩均增产增收等变化情况。

(2) 典型地块。根据不同土地利用类型、不同治理措施和土地利用状况选择典型地块，每年监测该地块的投入与产出，并和治理前立地条件相当、收入相近的非措施地块进行经济效益的对比。监测方法采取实地测算与走访农户相结合。

对选定的典型农户监测的项目主要有经济效益监测、社会效益监测、水土保持增产效益监测，即对典型农户项目实施前后收支变化、亩均增产等指标进行动态监测。对选定的典型造林地块进行生态效益监测，对典型地块林产品数量及林草覆盖率变化进行监测。

4. 塬面保护治理措施

以“塬面保护”为目标，坚持“预防为主、全面规划、综合治理、因地制宜、加强管理、注重效益”的原则，采取工程措施与植物措施相结合的方法，由塬向沟治理，最后建立沟边防护体系，如图 6-5 所示。

按照塬面综合治理措施的配置原则，结合当地实际情况，在塬面靠近村庄、公路且有足够径流来源的地方修建防洪排涝型涝池（含蓄水池 1 座）6 座，积蓄雨洪径流，并在涝池周边进行绿化，防治水土流失，控制塬边下切；在径流集中的地段修建排水型沟头防护工程共计 8 处共计 1176m，并在沟头坡面上植树绿化，进一步解决径流的拦蓄问题，实现径流的有序下沟；对农村道路没有排水设施的路段新建排水明渠 4 处共计 1155m，埋设排水涵管 173m，防止雨水乱流；利用 15°以上的现状坡耕地，按照适地适树的原则，结合村内经济发展方向，栽植经济林 45hm^2，采用鱼鳞坑整地方式，在春、秋季植苗栽植，保证成活率和保存率，做到雨水就地拦蓄。

项目实施后，水土流失得到初步控制。计算期末年保土量 11000t，年减蚀率达 78.33%，年蓄水量达到 30400m^3，蓄水保土效益明显，有效减少地面径流，减少了泥沙对河道造成的淤积现象，拦蓄地表径流用于灌溉，促进粮食增产。实现塬面径流有序下沟，防止沟头持续下切、沟岸扩张，保护耕地资源与村庄安全。恢复沟坡植被，改善生态环境，有效拦截泥沙。防护沟道，有效拦蓄径流、泥沙，固定沟床，减缓沟床下切。同时，防灾减灾作用显著。

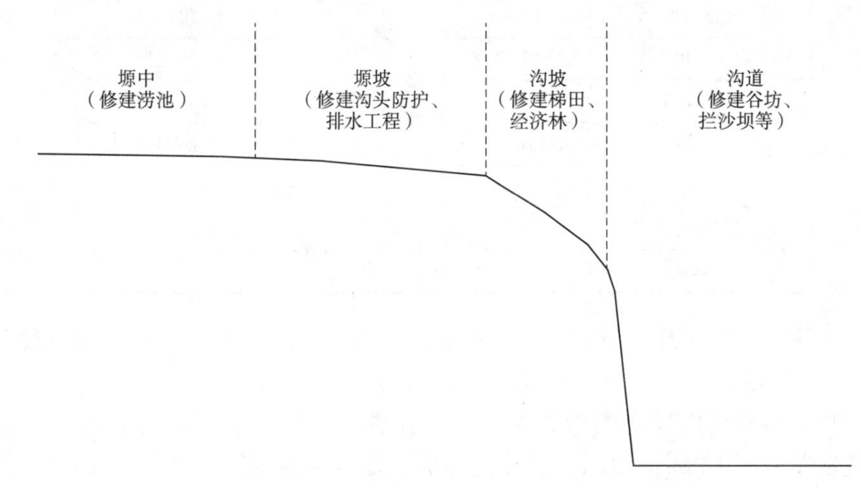

图 6-5　塬面保护治理措施总体布设原则示意图❶

实例七　青海省祁连山区域水土保持措施

本例通过实例介绍祁连山区域的水土保持措施，使监理人员对水土保持措施有个直观的了解。

祁连山地处青藏高原东北部，为我国著名的高大山系之一，地跨青海、甘肃两省，项目区的主体地貌是山地、沟谷和盆地，以山地为主。项目区主要植被有乔木林、灌丛、草原和草甸。项目区土壤类型多样，垂直地带性分布明显，见表 6-14。

表 6-14　　**项目区土地利用构成**

一级类型名称	二级类型名称	面积/km^2
耕地	水田	0
	旱地	1015.11
	小计	1015.11
林地	有林地	768.37
	灌木林	4060.85
	疏林地	62.32
	其他林地	2.57
	小计	4894.11
草地	高覆盖度草地	25785.47
	中覆盖度草地	4919.24
	低覆盖度草地	7824.76
	小计	38529.47
水域	河渠	741.74
	湖泊	2677.59
	水库坑塘	17.14
	永久性冰川积雪	596.36
	滩涂	0
	滩地	431.81
	小计	4464.64

❶　图片来源于实例提供单位。

续表

一级类型名称	二级类型名称	面积/km^2	一级类型名称	二级类型名称	面积/km^2
城乡、工矿、居民用地	城镇用地	17.66	未利用土地	沼泽地	2839.24
	农村居民点	45.72		裸土地	0.31
	其他建设用地	133.65		裸岩石砾地	7633.06
	小计	197.03		其他未利用地	0.67
未利用土地	沙地	385.00		小计	10875.11
	戈壁	16.11	合计		59975.47
	盐碱地	0.72			

区域内土壤侵蚀较明显，风蚀草地面积最大，约占总面积的66%，风蚀耕地面积约占总面积的4%，风蚀沙地面积最小，仅占总面积的0.09%；沙地面积898km^2，主要分布在哈拉湖北边、疏勒南山以南的山麓地区以及托勒河上游、黑河和大通河中上游的河滩地。土壤侵蚀总量为1382.44万t，其中门源的土壤侵蚀量最大，为250.73万t；民和县土壤侵蚀量最小，仅9.84万t；冻融侵蚀强度整体上表现为西部强、东部弱，侵蚀强度最高达五级，主要分布在天峻县西北部区域；侵蚀强度最低为一级，主要分布在祁连、刚察等地；林地面积较小，森林覆盖率仅为5.81%，森林生态系统质量不高；湿地主要包括河流、湖泊水库、高寒沼泽化草甸、冰川及永久积雪地，区域内湿地总面积8259.33km^2，占区域内土地总面积的13.1%，部分地区湿地有萎缩趋势。项目区草地分布广泛，中部牧草长势偏差，西部牧草长势一般，东部牧草长势较好。高寒草甸植被盖度为74%～95%。山地草甸植被盖度为80%、高寒草甸草原植被盖度为75%、温性草原植被盖度为36%～82%、高寒荒漠植被盖度为40%～65%、高寒草原植被盖度为55%。

区域主要生态环境问题诊断主要有以下几点：

1. 生态空间遭受挤占，景观破碎化明显

祁连山地处高寒高海拔地区及河源区，生态地位非常重要。近年来，该区经济发展速度和资源开发强度显著提升，主要表现为水电资源开发、矿产资源勘探开采、过渡旅游、草场围栏等基础设施建设等，对区内土地和生物资源进行包围、蚕食和侵占，森林草原火灾隐患增加，自然生态系统被切割成不连片“孤岛”，脆弱性加剧，同时区域内金矿、煤矿等的无序开采，废弃矿山及交通沿线遗留的取（弃）土坑、取料场、边坡、施工营地等历史遗留迹地影响了生态系统的完整性和美观度，景观破碎化现象严重。据研究资料显示，祁连山各植被类型板块密度远大于裸地，平均分维数较低，景观整体破碎化水平较高；草地和灌丛边界密度和破碎化指数均高于其他植被类型，反映出该区自然植被景观主要受放牧活动的影响；森林多以小面积零散分布，其中青海云杉林景观结构破坏较为严重，异质性较低，斑块形状趋于单一，显示出较高水平的破碎化。景观破碎化对生态系统的连通性、生态系统结构和功能，以及生物多样性的维护都具有显著影响，对生态环境本就十分脆弱的祁连山区生态安全构成严重威胁。

2. 植被退化明显，水源涵养功能下降

祁连山区属重要的水源供给区，森林、草地等生态系统对维持其水源涵养功能最为关键。然而，由于20世纪人们对自然资源的无序利用，过度放牧、矿产资源开采等，导致大量的森林生态系统、草地生态系统退化。水电资源开发强度大，河道生态基流保证率低。

20世纪末，依托区内丰富的水电资源，小型水电站建设较为迅猛，尤其是大通河流域小水电站呈“串”状分布，由于缺乏科学的水资源调配方案，部分河道形成脱水减水段，河道生态基流难以保证，使河流水文、地貌形态、生物栖息地等都发生了较大变化，导致河道水生态系统失衡。加之，旅游业的发展，城镇化建设水平的提升和人口聚集度的提高，进一步加剧了河流纳污能力和自净能力的降低，不仅造成了水生生物栖息地环境恶化和水环境质量的下降，而且使陆域生态系统受到影响，部分区段林地质量下降，水土流失加剧，水源涵养功能退化。

受全球气候变暖和人为活动影响，区内八一、岗什卡和疏勒南山等冰川消融量呈增加趋势，雪线上升。据观测发现，1956—1976年间，祁连山东部的冰川年均退缩了16.8m，中部退缩了3.3m，西部退缩了2.2m。近30年特别是近10多年来，冰川雪线的退缩更加明显，曾经退缩较慢的中段和西段，也加快了退缩的速度，退缩最快的冰川，年退缩量高达23m。区域内水资源的变化引起了植被生长环境及分布范围变化，改变了原有的自然条件，造成了林-草-水生态系统环境的退化，也导致出现了水资源供求矛盾突出、盐碱地面积增大、沙漠向绿洲逼近的威胁，自然资源日趋紧张。

青海省通过生态安全格局构建、水源涵养功能提升、生态修复制度创新等工程项目，有效解决了祁连山区“山碎、林退、水减、田瘠、湿（湖）缩”的现实问题，促进区域生态环境保护与经济社会协调发展，重塑“山水林田湖”生命共同体，提升区域生态系统服务和生态屏障功能，切实保障西北内陆地区和国家生态安全。因地制宜推进退化林草地治理。根据退化类型，采取相应的治理措施。稀疏植被生长的半流动沙地，实施封沙育灌草；植被很少的流动沙地与半流动沙地，具有植被生长条件的实施播种草本植物或栽植乔灌木树种；居民点、交通要道、水利设施、工矿区附近的流动沙地，先以网格状沙障固沙，然后在沙障内播种牧草或适生灌木种子，最终达到固定沙地的目的。通过实施黑土滩退化草地植被恢复工程，加大人类干预力度，促进黑土滩退化草地的逆转，提高草地水源涵养能力。

实施沙漠化防治工程。在高海拔地区，不适合人工植树种草来恢复植被，通过人工辅助的方式，建立围栏，进行封沙育草，通过减少人畜活动，改善局部地区生态条件，逐年恢复原生植被来遏制沙漠化进程，恢复原有生境。

加强水土流失治理。针对项目区水土流失产生、发展的机理，因地制宜、因害设防，生物措施和农业技术措施并举，形成综合防护体系。本着循序渐进和重点治理的原则，对水土流失严重的区域进行针对性治理，采取营造水保林、人工种草，构建生物防护网，有效涵养水源，减弱径流对地表的冲刷强度；同时，结合小型水利水土保持工程，有效拦蓄山洪，降低破坏强度。在15°以下的耕地实施耕作措施，减轻对土壤的直接破坏，同时增加植被覆盖度，有效降低土壤蒸发强度，控制农田荒漠化，达到提高土壤保持能力目的。

开展多元化农业面源污染整治。调整农业结构，加强耕地质量建设，推行生态种植，发展有机农牧业、设施农牧业，实现种植业和养殖业良性循环，推广使用生物肥和有机肥，扩大有机肥产品在苗圃、草地、林地等农作物的优先使用范围，提倡生物农药使用和生物防治技术的应用，推进生态农牧业和高效农牧业的培育。

近年来，在国家的支持下青海省在该区域内实施了“三北”防护林体系建设、生态重点县建设、天然林保护、公益林建设、退牧还草、退耕还林（草）、水土保持等重大生态工程，建立了祁连山省级自然保护区，启动了祁连山生态监测与评估等保护措施。通过多年来不懈努力区域内生态环境保护与建设取得了一定的成效，重点工程区内乔木林和灌木林的面积有所增加，天然林资源得到有效保护，草地植被盖度有所提高。水源涵养功能和生态供给功能得到一定修复。

附录　相关法律法规、部门规章及规范性文件清单

附录 1 《中华人民共和国水土保持法》(1991 年审议通过，2010 年 12 月修订)

附录 2 《中华人民共和国水法》(1998 年公布，2002 年一次修订，2009、2016 年二次修正)

附录 3 《中华人民共和国水土保持法实施条例》(1993 年国务院令第 120 号发布，2011 年 1 月 8 日根据国务院令第 588 号《国务院关于废止和修改部分行政法规的决定》修正)

附录 4 《水土保持工程建设管理办法》(办水保〔2003〕168 号)

附录 5 《水利工程质量管理规定》(1997 年水利部令第 7 号发布，2017 年 12 月水利部令第 49 号修改)

附录 6 《水利工程建设监理规定》(2006 年 12 月水利部令第 28 号发布，2017 年 12 月修正)

附录 7 《水利部生产建设项目水土保持方案变更管理规定（试行）》(办水保〔2016〕65 号发布)

附录 8 《水利部关于加强水土保持工程验收管理的指导意见》(水保〔2016〕245 号发布)

附录 9 《水利部关于加强事中事后监管规范生产建设项目水土保持设施自主验收的通知》(水保〔2017〕365 号发布)

附录 10 《国务院关于在市场监管领域全面推行部门联合“双随机、一公开”监管的意见》(国发〔2019〕5 号)

附录 11 《水利部关于印发中央财政水利发展资金水土保持工程建设管理办法的通知》(水保〔2019〕60 号)

附录 12 《水利部关于进一步深化“放管服”改革全面加强水土保持监管的意见》(水保〔2019〕160 号)

附录 13 《水利部办公厅关于印发生产建设项目水土保持监督管理办法的通知》(办水保〔2019〕172 号)

附录 14 《水利部办公厅关于进一步加强生产建设项目水土保持监测工作的通知》(办水保〔2020〕161 号)

附录 15 《水利部办公厅关于进一步优化开发区内生产建设项目水土保持管理工作的意见》(办水保〔2020〕235 号)

附录 16 《水利部办公厅关于加强水利建设项目水土保持工作的通知》(办水保〔2021〕143 号)

参 考 文 献

[1] 李飞．中华人民共和国水土保持法释义［M］．北京：法律出版社，2011.

[2] 水利部建设与管理司．水土保持工程监理工程师必读［M］．北京：中国水利水电出版社，2010.

[3]《中国水利百科全书》编委会．中国水利百科全书［M］．北京：中国水利水电出版社，2003.

[4] 中国建设监理协会．建设工程监理概论［M］．北京：知识产权出版社，2008.

[5] 水利部水土保持监测中心．水土保持施工监理规范：SL 523—2011［S］．北京：中国水利水电出版社，2011.

[6] 水利部．水土保持工程设计规范：GB 51018—2014)［S］．北京：中国计划出版社，2014.

[7] 水利部水土保持监测中心．水土保持工程建设监理理论与实务［M］．北京：中国水利水电出版社，2008.

[8] 黄河上中游管理局．淤地坝监理［M］．北京：中国计划出版社，2004.

[9] 水利部．水利水电工程水土保持技术规范：SL 575—2012［S］．北京：中国水利水电出版社，2012.

[10] 刘震．中国水土保持概论［M］．北京：中国水利水电出版社，2018.

[11] 曹文洪，宁堆虎，秦伟．水土保持率远期目标确定的技术方法［J］．中国水土保持，2021(4)：6.

[12] 杨顺利．水土保持工程监理［M］．北京：中国水利水电出版社，2018.

[13] 姜德文．贯彻十九大精神推进新时代水土保持发展［J］．中国水土保持，2018 (1)：1-5.